오늘도
화내고
말았습니다

오늘도 화내고 말았습니다

: 툭하면 떼쓰는 아이, 순간적으로 욱하는 부모를 위한 현실 육아 코칭

초판 발행 2020년 4월 20일

3쇄 발행 2020년 10월 5일

지은이 박윤미 / **펴낸이** 김태헌

총괄 임규근 / **책임편집** 권형숙 / **편집** 김희정, 윤채선 / **교정교열** 박성숙 / **디자인** 최연희

영업 문윤식, 조유미 / **마케팅** 박상용, 손희정, 박수미 / **제작** 박성우, 김정우

펴낸곳 한빛라이프 / **주소** 서울시 서대문구 연희로2길 62

전화 02-336-7129 / **팩스** 02-325-6300

등록 2013년 11월 14일 제25100-2017-000059호 / **ISBN** 979-11-88007-52-3 13590

한빛라이프는 한빛미디어㈜의 실용 브랜드로 우리의 일상을 환히 비추는 책을 펴냅니다.

이 책에 대한 의견이나 오탈자 및 잘못된 내용에 대한 수정 정보는 한빛미디어㈜의 홈페이지나 아래 이메일로
알려 주십시오. 잘못된 책은 구입하신 서점에서 교환해 드립니다. 책값은 뒤표지에 표시되어 있습니다.

한빛미디어 홈페이지 www.hanbit.co.kr / 이메일 ask_life@hanbit.co.kr

한빛라이프 페이스북 facebook.com/goodtipstoknow / 포스트 post.naver.com/hanbitstory

지금 하지 않으면 할 수 없는 일이 있습니다.

책으로 펴내고 싶은 아이디어나 원고를 메일(writer@hanbit.co.kr)로 보내 주세요.

한빛라이프는 여러분의 소중한 경험과 지식을 기다리고 있습니다.

버럭맘
박윤미
지음

오늘도

톡하면 떼쓰는 아이,
순간적으로 욱하는 부모를 위한
현실 육아 코칭

화내고
말았습니다

HB 한빛라이프

'그렇게까지 화낼 필요는 없었는데…' 라고 후회한 적 있나요?

대부분의 부모님들이 아이가 상처받지 않고 안정된 애착을 형성할 수 있도록 아이의 욕구를 알아차리고 적절하게 반응하기 위해 애씁니다. 하지만 자신의 욕구를 서툴게 표현하며 끊임없이 요구하는 아이와 함께하다 보면 마음과 다르게 욱하고, 돌아서서 후회하곤 합니다.

늘 '아이에게 다시는 화내지 말아야지.'라는 다짐과 화내기를 반복하는데, 과연 화내지 않고 아이를 키울 수 있을까요?

처음에는 책에서 본 대로 "속상했구나~."라고 마음 읽어주기를 하다가도 아이가 울음을 그치지 않고 떼쓰기가 길어지면 그만 좀 하라고 소리를 지르게 됩니다. 화를 이기지 못하고 심한 말을 할 때도 있지요.

혼을 내더라도 감정을 섞지 않고 담담하게 말하고 싶은데 그게 마음처럼 되지 않습니다. 당시에는 나름대로 이유가 있어 화를 냈지만 잠든 아이의 모습을 보고 있노라면 꼭 그렇게까지 할 필요는 없었는데 싶어 미안하고 괴롭기만 하지요. 그렇다고 무조건 화를 꾹꾹 눌러 참기만 하면, 참는 데도 한계가 있기 때문에 언제 터질지 몰라 불안하고, 아이들을 마냥 오냐오냐하며 키울 수도 없는 노릇이지요.

중요한 것은 화를 내지 않는 것이 아니라, 화를 표현하는 방법입니다.

아이를 키우면서 화를 안 낼 수는 없습니다. 아이의 욕구와 부모의 욕구가 부딪히는 수많은 상황에서 모든 것을 아이에게 맞추는 것은 불가능하기 때문입니다. 더욱이 아이의 모든 욕구를 충족시켜주는 것은 아이의 건강한 성장에 오히려 방해가 됩니다. 아이에게는 좌절의 경험도 필요하니까요.

아이를 키우며 화내지 않는 것은 불가능하지만, 화를 표현하는 방법은 얼마든지 바꿀 수 있습니다. 아이는 부모와의 관계 경험 속에서 자신의 감정을 추스르고 다루는 법을 배웁니다. 아이가 살아가는 동안 화나는 일이 때때로 생길 텐데, 화가 날 때 어떻게 화를 다루고 표현할지 알면 분노에 덜 휘둘립니다.

하지만 부모의 도움이 없으면 취약할 수밖에 없는 게 바로 아이의 감정 조절입니다. 자신의 감정을 건강하게 조절하는 방법은 부모와 안전한 환경에서 오랜 시간 연습을 통해 길러지거든요. 처음부터 혼자서 자기감정을 적절하게 다루기는 어렵습니다. 자신의 감정을 알아차리고 표현하거나 해소하는 방법은 먼저 아이의 감정을 알아차리고 반영해주는 부모를 통해서, 또는 부모가 자신의 감정을 다루고 표현하는 모습을 옆에서 지켜보면서 배우고 연습하게 됩니다. 그러므로 부모인 우리 자신의 감정부터 잘 돌보는 방법을 배우고 익혀야 합니다.

육아를 하다 보면, 아니 인생을 살다 보면 머리로는 잘 알지만 마음대로 되지 않는 게 바로 자기감정이란 걸 깨닫게 됩니다. 하지만 자신의 감정을 알아차리고 다룰 수 있다면 얼마든지 상황을 변화시킬 수 있습니다. 주변 상황이 달라지지 않더라도, 우리는 다르게 반응할 수 있습니다. 상황을 바라보고 이해하는 관점이 바뀌기 때문입니다. 부모의 반응이 달라지면 아이의 행동 또한 달라집니다.

저는 제 안의 불안과 화를 건강하게 다루고 적절하게 표현하기 위해 많은 시도와 노력을 했고, 지금도 하고 있습니다. 그중 가장 효과가 좋았던 방법들을 공유하고 그 과정에서 깨달은 것들을 함께 나누고자 합니다.

　이 책은 감정, 그중에서도 분노를 어떻게 다루고 표현해야 적절한지 구체적으로 배운 적이 없는 부모들에게 '분노를 터뜨리지 않는 기술'과 '아이에게 상처 주지 않고 안전하게 훈육하는 법'을 단계별로 알려줍니다. 또한 겉으로 드러난 아이의 말과 행동만 보는 것이 아니라 그 속에 담긴 감정과 욕구를 보는 법을 배움으로써 '자존감 높은 아이'로 키우는 구체적인 실천법을 담고 있습니다.

　아이와의 힘겨루기로 고민하는 부모들이 이 책을 통해 불필요한 감정 소모로부터 자유로워지고, 아이와의 관계의 질을 개선하며 육아 효능감을 높일 수 있기를 바랍니다. 다시 돌아오지 않을 이 시간을 후회와 자책으로 채우기보다 아이와 부모가 함께 성장하는 시간으로 채우길 바랍니다.

차례

Chapter 1

아이가 화를 낼 때 기억해야 할 것

Chapter 2

아이에게 화가 날 때 기억해야 할 것

Chapter 3

내 마음과 다르게 욱하지 않는 기술
: 부모의 감정 조절 TIP

Chapter 4

내 아이를 변화시키는 감정 소통 훈육법
: 아이의 감정 조절 TIP

Chapter 5

반복되는 화를 줄이고
부모의 말 습관을 바꾸는 기술

Chapter 6
아이에게 상처주지 않고 현명하게 화내는 법

아이가 화를 낼 때
기억해야 할 것

아이가 막무가내로 떼를 쓰고 무슨 말도 먹히지 않을 때

: 감정이 주는 정보를 활용하세요.

네 살 유나는 매주 금요일 오후에 문화 센터에서 진행하는 퍼포먼스 미술 수업에 참여합니다. 유나는 늘 그 시간을 손꼽아 기다렸습니다. 그런데 하루는 재밌게 활동을 마무리하고 나갈 채비를 하던 유나가 한쪽 양말을 신다 말고 휙 던져버리고는 뒤로 벌러덩 누워 소리를 지르며 울기 시작했습니다.

"뚝! 왜 그래, 울지 마."

"얘가 대체 왜 그래, 그만해, 이제 나가야 해."

엄마는 유나를 진정시키려다 실패하자 억지로 안아 올려 데리고 나가려 했지만, 아이가 온몸으로 버둥거리며 저항하는 통에 힘에 부쳐서 난감했습니다. 다음 수업에 참여하는 아이들과 부모들이 입장을 시작해 얼른 자리를 비켜줘야 하는데 유나는 울음을 그칠 기미가 보이지 않았습니다. 사람들의 시선을 의식할수록 마음이 더 조급해지고 빨리 이 상황에서 벗어나고 싶은 마음에 엄마는 결국 아이를 반쯤 끌어안은 채 억지로 밖으로 데리고 나왔습니다.

엄마도 아이도 온몸이 땀범벅이었습니다. 엄마는 기진맥진해 아이를 달래거나 위로하기는커녕 진절머리 나는 이 상황에 지쳐서 실현 가능성이 없는 말을 내뱉었습니다.

"너, 이러면 다시는 안 데리고 나올 줄 알아!"

유나는 그 말을 듣고 뚝 그치기는커녕 더 크게, 더 서럽게 울었습니다.

아이가 막무가내로 떼를 쓰고 어떤 말도 통하지 않을 때, 아이가 원하는 대로 상황이 돌아가지 않으면 울다가 구역질을 하고 급기야 토하기까지 할 때, 아이를 바라보는 부모의 마음도 복잡해집니다.

'내가 너무 오냐오냐하며 키운 걸까?'

'그냥 두고 나오면 알아서 쫓아오지 않을까?'

'아이가 좋아하는 장난감이나 간식을 사준다며 달래서 데리고 나와야 하나?'

'아이 하나 제대로 통제하지 못하는 나를 다른 사람들이 어떻게 생각할까?'

집에서라면 아이를 통제하기가 좀 더 수월하지만, 사람이 많은 장소에서 아이가 울고 뒤집어지면 주변의 시선 때문에 더 당황스럽고 어떻게 해야 할지 몰라 난감합니다. 상황을 빨리 수습하고 싶은 조급함이 올라와 초조하고 불안해지죠. 아이를 진정시키기 위해 달래기도 하고 윽박지르기도 하지만 아이의 울음은 쉽게 그치지 않고 부모의 인내심은 한계에 이르고 맙니다.

생애 초기 어린아이가 가진 유일한 소통 수단은 감정의 발산

아이들은 자기 마음대로 되지 않거나 화가 나면 울고불고 소리를 지르거나 생떼를 쓰기도 하는데, 아직 사회화가 덜된 아이로서는 당연하고 자연스러운 감정 표현 방식입니다. 아이들은 어른과 달리 '다른 사람들이 날 어떻게 볼까? 내가 이렇게 하면 상대가 힘들거나 상처받지 않을까?'라는 생각을 하지 않고 자신의 감정을 있는 그대로 표현하거든요. 아이의 기질이나 성향에 따라 반응의 강도나 표현력의 차이는 있지만 대부분의 어린아이는 느끼는 건 모두 받아들이고 죄다 표현합니다.

자녀 교육에서 자주 등장하는 조언 중 하나가 바로 "아이의 감정은 인정해주고, 행동에는 한계를 정하라."라는 말입니다. 감정은 잘못이 없습니다. 자신이 느끼는 감정을 온몸으로 표현하는 아이에게도 잘못이 없습니다. 아이가 세상을 바라보는 방식에서는 마음대로 안 되거나 화가 날 때 울고 떼쓰는 것으로 자신의 마음을 표현하는 것이 자연스럽고 정당하거든요. 아직 사회에서 인정되고 수용되는 적절한 감정 표현법을 연습하고 체득하지 못한 아이에게는 마음을 표현하는 유일한 소통 수단일 뿐입니다. 아이가 적절한 방법을 익히기 위해서는 부모를 상대로 오랜 연습 과정을 거쳐야만 합니다.

하지만 부모들은 대개 아이의 행동뿐만 아니라 감정도 사회적 규범에 맞추려 합니다. 아이가 화를 내거나 속상해서 울면 그러면 안 된다고 가르칩니다. 부모들도 그렇게 배우고 자랐기 때문이지요. 문제는 이처럼 감정과 행동을 혼동하면서 부모와 아이 관계에도 갈등이 일어난다는 것입니다. 감정과 행동만 구분할 수 있어도 부모는 아이의 반응에 한결 쉽게 대처할 수 있습니다.

감정은 부모에게 정보를 줍니다. 아이가 지금 이 상황을 어떻게 받아들이고 있는지, 아이의 욕구는 무엇인지를 아이의 감정을 통해 알 수 있습니다. 그러니 부모는 아이의 감정을 통제하지 말고 활용할 수 있어야 합니다.

하지만 어른들의 눈에는 아이의 감정이나 감정 뒤에 숨은 욕구보다는 겉으로 드러나는 막무가내인 말과 행동만 보이지요. 그래서 어떻게 해서든 그 행동을 멈추려고 애쓰게 되고요.

말과 행동 속에 감춰진 아이의 감정과 욕구 찾기 연습

만약 우리가 겉으로 드러나는 아이의 말과 행동이 아닌 아이의 속마음을 읽는 연습이 되어 있다면 어떨까요? 아이가 왜 그런 말과 행동을 하는지 그 마음을 구체적으로 파악할 수 있다면 그에 맞는 적절한 대처법을 생각해내기가 훨씬 더 수월해지고, 아이와 힘겨루기를 하느라 감정적으로 기력이 소진되는 상황에서 벗어날 수 있습니다.

아이가 막무가내로 울고 떼쓰는 행동에 대해서 혼내거나 조언을 하는 것은 아이를 진정시키는 데 전혀 도움이 되지 않습니다. 오히려 아이의 감정을 알아주고 욕구를 읽어주는 편이 상황을 빨리 진정시키는 데 도움이 됩니다.

유나의 행복했던 미술 수업은 왜 이렇게 엉망이 되고 말았을까요? 유나는 왜 갑자기 울고불고 발버둥을 쳤을까요?

이유는 간단합니다. 그 수업이 너무나 재밌고 즐거웠기 때문입니다. 재밌었던 만큼 더 하고 싶었는데 그만하고 나가야 한다니, 아쉽고 속상했던 거예요. 그 아쉬움이 워낙 커서 주체할 수 없었던 거랍니다.

○ **유나의 감정 : 아쉬움, 속상함**

"이 재밌는 걸 더 못하고 집에 가야 한다니 너무 아쉽고 속상해!"

○ **유나의 욕구 : 재미, 즐거움**

"더 하고 싶어! 더 놀고 싶어!"

이렇게 아이의 감정과 욕구를 찾는 연습이 되어 있다면 아이를 진정시키기가 쉽습니다. 무작정 아이를 달래거나 윽박질러 울음을 멈추게 하려고 애쓰는 대신 아이의 감정과 욕구를 찾아서 반영하는 연습을 해볼까요?

- "유나야, 오늘 미술 수업이 너무 재밌어서 더 하고 싶구나? 더 놀고 싶은데 이제 그만하고 나가라고 하니 많이 아쉽지? 너무 아쉬워서 속상하구나."
- "유나가 얼마나 이 수업을 좋아하는지 엄마가 잘 알아. 이제 그만하고 나가야 한다니 아쉽지?"
- "오늘 이 수업이 얼마나 재밌었는지, 그래서 더 하고 싶은데 나가야 한다고 하니깐 얼마나 아쉬운지 잘 알겠어."

"그만해, 이제 나가야지.", "당장 뚝 그치고 나오지 못해!"라는 야단이나 강요가 아니라 아이의 감정과 욕구를 공감해주는 말을 서너 차례 반복하면 아이들은 금방 진정됩니다. 엄마가 자신의 마음을 알아주었기 때문에 더 이상 온몸으로 자신이 원하는 것을 표현할 필요가 없어졌거든요.

물론 아이의 마음을 알아주는 것만으로 문제가 해결되는 것은 아닙니다. 하지만 아이의 마음을 알면 아이를 진정시키는 데 도움이 될 뿐만 아니라, 어떻게 해야 아이의 문제를 해결할 수 있는지 적절한 대안을 좀 더 쉽게 찾을 수 있습니다. 즉, 문제 해결 단계로 나아갈 수 있습니다. 아이가 어릴 때는 아이의 욕구를 충족시킬 수 있는 적절한 대안을 부모가 먼저 찾아 제시하지만 아이가 커갈수록 아이와 부모 간의 조율이 중요해집니다.

만약 처음부터 아이가 직접 "나 오늘 수업이 너무너무 재밌어서 더 하고 싶은데 이제 그만해야 한다니 아쉬워요. 더 하고 싶어요."라고 말해주었다면, 유나 엄마도 유나를 윽박지르기보다는 그 마음에 공감해주고 다음을 차분히 생각해볼 수 있었을 거예요. 선생님께 양해를 구하고 다음 수업에 조용히 한 번 더 참여하거나 아니면 장소를 이동해 비슷한 활동을 할 수 있는 놀 거리를 제안할 수도 있었겠지요.

하지만 대부분의 아이는 자신의 마음을 구체적인 말로 표현하는 일에 많이 서툽니다. 아이의 욕구나 감정이 강하면 강할수록 억지를 부리는 강도도 커지지요. 아이의 이런 갑작스런 행동에 부모는 당황스럽고 그 당황스러움과 상황을 통제하지 못한다는 무력감에 화가 올라옵니다.

아이가 울고 떼쓸 때는 아이의 마음을 반영한 말을 먼저 구체적으로 해주세요. 이런 경험을 통해 아이는 자신의 감정과 욕구를 알아차리고 말로 표현하는 방법을 배울 수 있습니다. 아이는 자신이 느끼는 아쉬움과 더 놀고 싶은 마음을 부모가 구체적으로 말로 표현하는 것을 들으며 조금씩 사회에서 수용되는 감정 표현 방식을 습득해 나가게 됩니다. 이것이 바로 사회화 과정의 일부랍니다.

무조건 사과하지 마세요!

아이의 마음을 읽어주면서 "우리 00는 이렇게 하고 싶었구나. 그런데 엄마가 못 하게 해서 속상했구나. 엄마가 못 하게 해서 미안해."라는 식으로 달래는 경우가 있습니다.

아이의 행동을 제지한 것에 대해 미안하다고 덧붙이는 것은 아이의 속상함에 대한 원인이 엄마에게 있다고 오해하게 만듭니다. 그러면 아이는 '엄마 때문에 내가 속상한 거야, 엄마 때문이야.'라고 생각하게 됩니다.

아이의 감정과 욕구에만 집중해서 아이의 것만 표현해주세요.

"00는 이걸 만져보고 싶었지. 재밌어 보여서 만지고 싶었구나. 재밌는 걸 하고 싶었는데, 위험하다고 치워버려서 속상했어?"

그다음, 무엇 때문에 그렇게 했는지, 엄마의 마음(욕구)을 알려주면 됩니다.

"엄마는 00가 건강하게(안전하게) 크는 게 중요하거든."

아이가 위험한 물건을 만지지 못하도록 제지하는 것은 사과할 일이 아니라 부모로서 아이의 안전을 위해 해야 할 당연한 일입니다.

좋은 말로 여러 번 말해도
도무지 말을 듣지 않을 때
: 귀를 열어주는 말이 필요합니다.

부모들은 "좋은 말로 여러 번 말해도 아이가 들은 척도 안 해서 소리를 지르고 화를 내게 된다."라고 합니다. 그런데 아이의 마음은 알아주지 않고 부모 말만 한다면 어떨까요? 아이들은 귀를 열지 않습니다. 부모의 말이 들리지 않아요.

먼저 귀를 열어주는 말을 해야 아이도 부모의 말을 들어줄 수 있습니다. 부모가 아이의 감정과 욕구를 알아주면 아이는 부모를 자기편으로 여깁니다. 내 마음을 알아주는 내편이 하는 말은 좀 더 편하게 듣고 좀 더 수용적인 자세를 보이지요. 반면 질책과 비난을 받으면 누구나 방어하고 저항하고 싶은 마음이 생기고요. 이것은 어른 아이 할 것 없이 본능적인 자연스러운 반응입니다.

어른이나 아이나 강요를 받으면 설령 그것이 스스로 원했던 것이라 하더라도 거부하고 싶고 반항하고 싶어집니다. 막 방 청소를 하려고 마음먹었을 때 부모님이 들어와 "방이 이게 뭐야, 방 좀 치워!"라고 야단을 치면, 방금 청소를 하려고 했던 마음에 반감이 생겨 하기 싫었던 경험을 떠올려보세요. 자율성에 대한 욕구를 추구하는 것은 남녀노소 구분 없이 누구에게나 중요합니다. 이 점을 생각하면 어떻게 말해야 아이의 마음을 움직일 수 있는지 감을 잡을 수 있습니다.

부모가 여러 번 말해도 들리지 않는 이유

다섯 살 아이가 책을 모두 빼서 거실에 늘어뜨리고 놀고 있었습니다. 아이는 자신만의 놀이터를 만드는 중이었습니다. 책들은 하나하나 다 쓰임새가 있었지요. 거실을 어지르려고 책을 꺼내놓은 것이 아니라 책 한 권 한 권이 자신의 놀이터를 구성하는 데 중요한 역할을 하는 것이었죠. 아이에게는 '재미'있고 또 '흥미로운' 놀이입니다. 반면 엄마에게는 '어지러운' 것을 넘어 '정신 사나운' 풍경일 뿐이지요. 부모 관점에서 보이는 어지러움과 정신 사나움을 이유로 아이에게 정리를 요구하면 아이에게 제대로 전달되지 않습니다. 왜냐하면 아이의 눈에는 전혀 어지럽거나 정신 사납지 않으니까요.

아이가 부모의 말을 귀담아듣지 않는다고 해서 부모를 무시하거나 일부러 규칙을 어겼다고 생각하는 것도 오해입니다. 아이들은 규칙을 잊어버리기 일쑤거든요. 그리고 잘 알고 있는 것과 실천하는 것은 별개랍니다. 이것은 어른도 마찬가지예요. 저는 운전면허증이 있고 어떻게 운전해야 하는지는 머릿속으로 잘 알고 있지만 제대로 운전을 하기까지 시간이 한참 걸렸습니다. 그럼에도 불구하고 어른들은 아이들이 알고 있는 것을 행동으로 보여줘야 진짜 알고 있는 것이라고 오해합니다. 정작 어른들은 배운 대로 실천하며 살지 못하면서 말이죠.

아이를 비난한다고 아이가 더 잘 배울 수 있는 건 아닙니다. 아이는 어른에 비해 더 많은 배려가 필요하고, 배려받아야 하는 존재입니다. 매번 똑같은 말을 언제까지 해야 하냐고 하소연하는 부모가 많습니다. 매번 똑같은 말을 반복하며 아이에게 언성을 높이다 보니 힘이 들고, 그럼에도 불구하고 더 나아지지 않는 아이의 모습에 실망하고 좌절감을 맛보곤 하지요.

아이의 마음을 먼저 알아주면 부모가 하는 말이 더 잘 들린다

아이들에게 매번 규칙을 상기시키는 방식만 바꿔도 힘이 덜 듭니다. 훨씬 수월해집니다. 부모들은 아이들이 스스로 해주길 원하지만 아이들은 배려가 많이 필요한 존재임을 기억해주세요. 특히 만 여섯살까지의 유아기에는 기억력, 주의력, 문제 해결 능력, 자기 조절 능력이 미숙해 반복해서 잘못을 할 수밖에 없습니다. 부모는 아이가 잘 실천할 수 있도록 옆에서 도와줘야 합니다.

매번 소리쳐도 똑같다면 이젠 방식을 바꿔보세요.

'해와 바람의 내기' 이야기가 담긴 〈이솝우화〉를 기억해보세요. 사납고 차가운 바람은 우화 속 남자로 하여금 두꺼운 코트를 더 꽁꽁 싸매게 만들었지만, 따스하게 내리쬐는 햇볕 앞에서는 남자가 옷을 벗어버렸지요. 힘의 논리가 모든 상황을 통제할 수는 없다는 것을 보여주는 이야기입니다

아이도 마찬가지입니다. 부모가 단호하게 규칙을 상기시키고 지시해야만 아이가 잘 따르는 것은 아닙니다. 무엇보다 아이 스스로 규칙을 상기하고 알아서 행동하기를 바란다면 더더욱 지금의 방식을 점검해볼 필요가 있습니다.

예를 들어, 집에 오자마자 손을 씻으라고 엄마가 아무리 잔소리를 해도 아이가 바뀌지 않을 때는 어떻게 말하는 게 좋을까요?

기존 방식

1. (부드러운 음성으로) 규칙 상기시키기

"집에 오면 손부터 씻어야지?"

2. (단호하게) 규칙 상기시키기

"집에 오면 손부터 씻어야 한다고 엄마가 말한 거 잊었어?"

3. (소리치거나 윽박지르며) 규칙 상기시키기

"너 엄마가 집에 오면 손부터 씻어야 한다고 몇 번을 말했어? 꼭 큰소리를 내야 말을 듣니?"

새로운 방식

1. 아이의 감정과 욕구를 먼저 찾아서 반영해줌으로써 부모 말을 들을 수 있는 상태로 만듭니다.

"민준아, 집에 오니까 빨리 장난감을 갖고 놀고 싶구나."

2. 규칙을 상기시키고 그것을 해야 하는 이유를 설명합니다.

"밖에 나갔다 오면 손부터 씻기로 한 거 기억나? 엄마는 민준이가 건강하게 크는 게 중요하거든."

3. 해야 할 행동을 구체적으로 알려줍니다.

"자, 가서 손부터 씻고 와서 블록 놀이할까?"

이렇게 아이의 감정과 욕구를 먼저 찾아서 반영해주고 부모 말을 들을 수 있는 상태로 만든 다음, 규칙을 상기시키고 해야 할 행동을 구체적으로 알려주면 됩니다. 왜 해야 하는지에 대한 간단한 이유를 덧붙이는 것도 좋아요. 말이 꽤 길어 보이지만 계속해서 같은 말을 반복하고 언성을 높이며 머리 아파할 필요가 없어집니다.

아이는 안 하는 게 아니라 못 하는 것일 수도 있다

아이의 마음을 알아주는 것 외에 아이가 그것을 완수할 능력이 있는지도 살펴봐야 합니다.

강의에서 만난 한 엄마가 제게 이런 질문을 했어요.

"아이가 요거트를 먹고 나서 자꾸 빈 그릇을 가지고 장난을 쳐요.

바닥에 흘려서 청소해야 하는 게 너무 번거롭고요. 그래서 아이에게 '요거트 그릇 가지고 노는 거 아니야.'라고 매번 예쁘게 말했는데 듣지 않아요."

아이가 몇 살이냐고 물었습니다.

"8개월이에요."

주변에서 웃음이 터져 나왔습니다. 8개월 아이에게 아무리 예쁘게 말하더라도 아이는 그 말대로 할 수 있는 능력이 없습니다. 아이가 부모의 말을 들으려 해도 그것을 해낼 능력이 없을 때는 환경을 변화시킴으로써 상황을 통제하는 시도가 필요합니다. 요거트 그릇 대신 가지고 놀 수 있는 다른 장난감을 준다거나 가지고 놀아도 바닥에 흘리지 않도록 뚜껑이 있는 그릇에 담아주는 등, 아이의 의지에 기대는 것이 아니라 부모가 주변 환경을 바꿈으로써 상황을 통제할 수 있는 방법을 찾아야 합니다.

우리가 통제할 수 있는 것은 환경뿐입니다. 아이의 감정과 욕구는 통제할 수 없습니다. 아이의 감정과 욕구를 알아주고 인정해주면 아이는 귀를 열고 부모의 말을 들을 준비가 됩니다.

아이를 혼냈지만 사랑하고 있음을 알려주세요.

단순하게 표현하는 아이의 말과 행동 이면에는 더 많은 것이 숨어 있습니다. 아이가 혼이 나서 울면서 "예쁘다고 해줘.", 안아주고 있는데도 "안아줘."라고 말하는 이면에는 어떤 욕구가 있을까요?

아이가 혼이 날 때 울면서 안아달라거나 사랑한다고 말해달라는 요구를 하는 것은, 지금 엄마가 자신의 행동을 수용하지 않은 것에 대해서 자신의 존재 자체가 거절당했다고 오해해서입니다. 어른들도 누군가에게 부탁을 했는데 거절당했을 때, 내 부탁이 아닌 나를 거절한 것 같은 생각이 들어 힘들 때가 있지요. 그게 아니란 걸 알면서도 말이에요. 엄마는 특정 행동을 지적한 건데 자신의 존재 자체가 거부당했다고 오해해서, 엄마가 자신을 혼내지만 그래도 자신을 사랑하는지 확인받고 싶은 마음에 그러한 요구를 한답니다.

반면 부모는 아이를 훈육하고 나서 아이가 안아달라고 할 때 바로 안아주면 내 뜻이 제대로 전달되지 않거나 내가 한 말에 힘이 실리지 않을까 봐 아이의 요구를 애써 회피하는 경우가 있습니다. 혹은 자신이 아이와의 기싸움에서 지는 것 같다는 생각에 그러기도 하지요.

이럴 때 안아준다고 아이의 잘못된 행동을 정당화해주는 의미가 되는 건 아닙니다. 이 2가지는 별개예요. 아이를 사랑하는 마음과 아이의 잘못된 행동을 훈육하는 것을 구분하세요. 안아주고 토닥여주며 엄마의 욕구를 표현해주면 됩니다.

"엄마는 00 말을 잘 알아듣고 싶은데 울면서 말하니까 무슨 얘긴지 못 알아들어 답답했어. 앞으로는 원래 네 목소리로 말해줘."처럼요.

울고 떼쓰는 아이의 행동이
이해되지 않을 때

: 아이의 가치 체계는
부모와 다르다는 것을 인정해주세요.

준이네

세 살 난 준이가 잘 시간이 가까워졌을 때 아빠는 운동을 하러 가기로 했고, 나가기 전에 아이와 아빠는 여러 번 작별 인사를 했습니다.

"준아, 아빠 운동 갔다 올게. 준이는 엄마랑 코~ 잘 자요."

"응. 아빠 운동 갔다 오세요."

방으로 들어와 자려고 누운 아이가 잠시 후 엄마에게 물었습니다.

"엄마, 아빠 어디 갔어요?"

"응, 운동하러 갔지."

잠시 후 또다시 묻습니다.

"아빠 어디 갔어요?"

"준아, 아빠 운동하러 간다고 아까 준이랑 인사한 거 기억 안 나?"

"아, 기억나."

그러고 나서도 아이는 또 묻습니다.

"아빠 어디 갔어요?"

자라는 잠은 자지 않고 똑같은 걸 자꾸 묻는 아이의 행동에 엄마는 슬슬 짜증이 나기 시작했습니다.

"아빠 운동 갔다고 했잖아! 얼른 자!"

아이는 칭얼거리기 시작했고 엄마는 아이뿐만 아니라 남편에게도 화가 났습니다.

서윤이네

여섯 살 서윤이가 아침밥을 기다리고 있습니다. 엄마는 서윤이가 좋아하는 노란 식판에 밥을 담아 내놓았습니다. 그런데 서윤이가 오늘은 노란 식판이 아니라 분홍색 식판에 밥을 먹고 싶다고 합니다. 아침 준비로 바쁜 엄마는 "그냥 노란 식판에 먹어, 다 똑같아."라고 말했지만, 서윤이는 굳이 분홍색 식판에 담긴 밥을 먹겠다며 칭얼거리기 시작했습니다.

엄마는 아침부터 아이가 칭얼거리자 뒷골이 땅기고 머리가 지끈거렸습니다. 몇 차례 실랑이를 하다 "그럴 거면 밥 담기 전에 빨리 이야기해야지!"라고 핀잔을 주며 결국 분홍색 식판에 밥을 옮겨주었습니다.

준이는 왜 아빠가 어디 갔느냐고 몇 번씩이나 같은 질문을 했을까요? 서윤이는 왜 늘 먹던 노란색 식판이 아니라 분홍색 식판에 밥을 먹고 싶어 했을까요? 그것도 하필 가장 바쁜 아침 시간에!

아이가 세상을 바라보는 방식은 어른과 다르다

이 아이들의 행동 뒤에 감춰진 욕구가 무엇인지 생각해봅시다.

준이는 왜 자꾸 아빠가 어디 갔느냐고 물었던 걸까요?

준이가 서너 차례 같은 질문을 하고 나서야 엄마는 알아챘습니다.

"준아, 아빠 보고 싶어?"

"응! 아빠 보고 싶어요!"

그제야 준이는 아빠가 어디 갔느냐는 질문을 멈췄습니다. 아빠가 간 곳이 궁금해서가 아니라 아빠가 보고 싶어 같은 질문을 반복했던 것입니다.

아이의 단편적인 말이 아니라 같은 말을 반복하는 아이의 행동에서 이상함을 느낀 엄마는 아이의 욕구에 대해 생각해보고, 그제야 아이의 마음을 반영해줄 수 있었습니다.

한편 아이의 마음이 도무지 가늠되지 않을 때도 있습니다. 서윤이는 왜 갑자기 노란색 식기가 아닌 분홍색 식기에 밥을 담아 먹고 싶다 했을까요? 색깔만 다르지 똑같은데 말이에요. 어떤 아이는 유치원 갈 때 바지를 입겠다고 했다가 막상 옷을 꺼내주면 다른 옷을 입겠다고 고집을 부리기도 하지요.

부모의 기준으로 아이를 이해하려고 하면 별거 아닌 일에 생떼를 쓰는 것으로밖에 보이지 않습니다. 이해가 되지 않기 때문이지요. 이럴 때는 '아이와 내가 서로 다른 가치 체계를 가지고 있구나.'라고 인정할 수만 있어도 아이를 대하기가 훨씬 수월해집니다. 굳이 아이를 이해하려고 애쓰지 않아도 됩니다.

서윤이 엄마는 아침에 바쁘기도 하고 분홍색이나 노란색이나 어느 통에 담든 똑같다는 생각을 가지고 있었습니다. 굳이 분홍색 통이 아니면 안 된다고 칭얼거리며 고집부리는 아이의 행동이 이해되지 않았지요. 그럼 진작 분홍색 통에 담아달라고 할 것이지 왜 노란색 통에 담아주니 저런 소리를 하는지, 자신을 괴롭히려고 괜한 생떼를 부린다고 아이를 오해하게 됩니다. 또 아침부터 아이와 별것도 아닌 일로 감정 실랑이를 하다 보면 진이 빠져 하루가 힘겹게 느껴집니다.

아무리 부모라도 아이의 모든 것을 살피고 알 수는 없습니다. 그렇기 때문에 모든 부모가 한 번쯤은 아이의 마음을 100% 이해할 수 없는 순간을 만나기 마련입니다. 그러니 별거 아닌 일에 격하게 반응하는 아이의 행동을 받아들이기 위해서는 아이가 세상을 바라보는 방식은 어른인 우리와 다르다는 것을 기억해주세요.

아이의 행동에는 이유가 있음을 알아주기

아이가 하는 모든 행동에는 이유가 있습니다. 아이들이 울고 보채며 고집 부리는 것은 자신의 마음을 알아달라는 표현입니다. 아이가 할 수 있는 능력과 표현의 한계 속에서 자신의 마음을 드러내다 보니 원하는 것을 제대로 전달하는 데 어려움이 있을 뿐입니다. 그래서 원하는 바가 충족되지 않거나 하고 싶은 걸 하지 못하면 울거나 떼를 쓰는 것으로 표현하게 됩니다.

부모가 아이의 욕구를 추측할 수 있다면 아이의 지금 마음을 알아주면 됩니다. 아이들은 자기가 원하는 것이 무엇이고, 자기 기분이 어떤지를 부모가 알아봐주고 이해해주길 바라거든요. 부모가 아이의 마음을 알아주면 아이들은 이내 안정감을 되찾습니다.

반면에 아이의 행동을 도저히 이해하기 어렵다면 아이의 가치 체계가 나와 다름을 인정해주세요. 노란색 식기에 담긴 밥을 분홍색 식기로 옮기는 등의 일을 감정 소진 없이 해낼 수 있게 됩니다.

모든 상황에서 그때마다의 감정이 왜 일어났는지 이유를 정확히 다 알 수는 없습니다. 불가능한 일이지요. 다만 아이가 어떤 감정을 보이고, 그렇게 행동하는 아이만의 합당한 이유가 있음을 인정하기만 하면 됩니다. 그러면 아이와의 힘겨루기로 인한 감정적 소진을 줄일 수 있습니다.

아이의 발달 단계에 맞는 현실적인 기대를 해주세요.

아이의 지적 능력이 덜 발달되어 생기는 상황도 있습니다. 이럴 때는 아이의 말이 명백히 틀리거나 믿기 어려워도 그대로 믿고 넘어가줄 필요가 있습니다.

여섯 살 아이와 아빠가 숫자 놀이를 하던 중이었습니다. 아이에게 수 개념이 생겨서 '1+1=2' 등의 간단한 덧셈을 하며 놀았지요.
아빠는 장난기가 발동해 뜬금없이 "1+0은 얼마일까?"라는 문제를 냈고, 아이는 자신만만하게 "10."이라고 외쳤습니다. 그러자 아빠는 "땡! 틀렸어. 1이야."라고 말했습니다. 아이는 아빠의 말을 받아들이기는커녕 강하게 거부하고 결국 화를 냈습니다. 이런 아이에게 아빠는 계산기를 가져와서 1 더하기 0이 1이 나오는 결괏값을 보여줬습니다.
아이가 순순히 납득하고 받아들였을까요? 아이는 계산기를 집어던지는 과격한 행동을 했습니다.

0에 대한 개념이 없는 아이에게 굳이 틀렸다는 것을 증명할 필요가 있을까요? 그리고 그것을 인정하지 못하고 화를 내는 아이의 행동만 꾸짖는다면 아이가 아빠 말을 수용할 수 있을까요?
이런 경우 아이는 억울한 마음만 든답니다. 자신의 지적 세계에서는 1+0은 10이니까요.
부모가 힘들게 알려주지 않아도 아이가 좀 더 크면 자연스럽게 알게 되는 것들이 있습니다. 그럴 때는 겉으로 나타난 결과만 보고 아이의 행동을 꾸짖지 말고, 믿고 넘어가주는 포용력이 필요합니다.

CHAPTER 2

아이에게 화가 날 때
기억해야 할 것

감정은 참는다고
없어지지 않는다

: 부모의 마음도 중요합니다.

일곱 살, 세 살인 딸 둘을 키우고 있는 전업맘이에요. 첫째가 아파서 일주일간 어린이집에 가지 않았어요. 아이가 아프고 싶어서 아픈 것도 아닌데, 자꾸 기침을 해대는 첫째를 보니 화가 나요. 밤에 이불을 덮지 않고 자서 덮어줬더니 이불 덮어줬다고 짜증을 내면서 발로 차버리더라고요. 제 딴에는 아픈 아이가 신경 쓰여 새벽에 한 번씩 가서 살피고, 그러다 보니 잠도 푹 자지 못해서 더 화가 났어요.

또 첫째랑 둘째가 놀다 보면 꼭 싸우게 되는데, 결국은 하나가 울고 끝이 나요. 첫째에게 둘째가 어려서 그렇다고 좋게 설명해줘도 소리 지르고 짜증 내거나 문을 쾅 닫는 모습을 보면 첫째도 스트레스를 많이 받나 봐요. 그런 모습을 보면 둘째가 없었으면 부모 사랑 혼자 다 받고 혼날 일도 없었을 텐데 싶어서 안쓰럽다가도, 둘째는 아직 말이 통하지 않으니까 자꾸 첫째에게 뭐라 하게 됩니다.

주말에도 제가 아이들을 봐야 하고, 제 시간이 전혀 없어요. 이런 상황이 너무 답답하고 힘들게 느껴져요. 남들은 다 잘만 하는데 저만 제대로 못하는 것 같아 괴롭고, 제가 애쓰고 고생하는 것을 알아주는 사람도 없는 것 같아 서운하고 외로워요.

가족은 우리가 머릿속으로 상상하는 이상적인 가족의 모습처럼 딱 떨어지는 따뜻한 광경으로만 존재하지는 않습니다. 현실 속 가족 관계에서는 일상에서 부딪히는 감정의 부대낌이 존재합니다. 끈끈하기도 하지만 끈적거리기도 하고, 감정이 깔끔하게 정리되지 않고 찌꺼기들이 여기저기 떠다니기도 합니다.

부모의 욕구도 중요하다

자신의 욕구를 서툴게 표현하며 끊임없이 요구하는 아이와 함께 있다 보면 짜증나거나 화가 나서 소리 지르고 싶은 순간을 종종 경험합니다. 아이를 키우다 보면 예쁠 때도 많지만 육아가 버겁고 힘들어 지칠 때도 많습니다. '왜 나만 이렇게 힘든가?' 싶어 별별 생각이 다 들다가 아이한테 소리 지르기도 하고, 너무 힘들고 지쳐서 엄마 역할을 하고 싶지 않다는 생각이 불쑥 들기도 하지요. 어느 하나 부족한 게 없어 보이는데 왜 이리 버겁고 힘든지 스스로가 너무 싫어지기도 하고요.

마음 상태가 괜찮을 땐 몸이 힘들어도 좀 더 참을 수 있는데, 평소 쌓인 육아 스트레스에 남편이나 시댁 스트레스가 겹치면 굉장히 우울하고 예민해집니다. 한마디로 나의 정신 상태가 안 좋을 때 아이가 힘들게 하거나 보채면 말이 좋게 안 나가지요. 급기야 팍 터져버립니다.

아이와 마찬가지로 부모도 자신의 욕구가 좌절되면 화가 납니다. 하지만 화를 내고 돌아서면 마음 한구석에 찜찜함이 남지요. '조금만 참을걸.' 하는 후회가 들거든요. 자는 아이 얼굴을 보고 있노라면 안쓰럽고 짠해지고요. 미안했던 일만 떠올라서 눈물 나고, 어디 하소연할 데도 없어 답답하지요. 인터넷 카페에 "다른 분은 이럴 때 어떻게 화를 참나요?" 하고 글을 써 물어보고, 나도 그렇다는 댓글에 공감과 위로를 받기도 합니다. 그러나 그것도 그때뿐 매일 화내지 말자 다짐하면서도, 아이가 하지 말라는 행동을 반복하면서 내 심기를 건드리면 다시 화가 치밀어 오르곤 합니다.

아이의 마음을 알아주는 것이 잘 안 될 때 먼저 해야 할 것

내가 힘들면 아이를 돌보고 공감해주기가 너무나도 어렵습니다. 내 마음이 힘들고 화로 가득 차 있으면 아이의 감정을 알면서도 자꾸 외면하거나 비난하게 됩니다. 자신의 감정에 치받쳐 아이 감정이 느껴지지 않고 그냥 짜증과 화가 나기도 합니다. 아이에게 미안한 마음이 들어도 그것을 제대로 표현하기가 힘들고 괜히 무뚝뚝하게 행동하게 됩니다.

이럴 때는 내가 느끼는 감정을 내가 알아주고 공감해주는 게 먼저입니다. 내 안의 감정이 편안하지 않은데 겉으로 성숙한 반응을 하기란 무척 어려우니까요. 지금 나의 행동, 반응을 바꾸고 싶다면 먼저 그런 행동과 반응을 이끌어내고 있는 감정부터 돌봐야 합니다. 눈빛, 몸짓과 말로 아이를 때리고 있다면 먼저 살펴야 하는 것은 자신의 마음입니다.

감정은 참는다고 없어지지 않습니다. 화를 참다 보면 화를 잘 다루는 사람이 되는 것이 아니라 오히려 화에 더 예민해집니다. 참을수록 너 참기가 어려워집니다. 감정은 누르고 억압하는 것이 아니라 적절히 표현함으로써 관리할 수 있거든요.

매번 상대방부터 이해해주려고 애쓰다 보면 어떨까요? 도인이 아닌 이상 속이 썩어 문드러지겠지요. 말은 "그래, 괜찮아."라고 해놓고 속은 괜찮지 않으니 결국에는 괜찮지 않은 게 티가 나기 마련입니다. 그리고 그 티는 꼭 자신보다 힘이 약한 상대에게 새어 나갑니다. 대개 아이나 배우자 등 가까운 가족이 되지요.

내 마음을 잘 돌볼 줄 알아야 아이도 더 잘 보살필 수 있다

소설 《82년생 김지영》이 영화로 개봉되면서 다시 화제가 되었습니다.

"예쁜 아이를 보고 있는데 왜 우울증에 걸리며 뭐가 그렇게 힘드냐!", "어린애가 뭘 안다고 아이를 혼내고 그러냐?"라는 뭇 어른들의 말에 스스로의 모성애를 의심하며 자책하거나, 사소한 일에도 짜증나고 예민하고 의욕 없는 스스로를 방치하고 있다면, 우리도 영화 속 김지영처럼 아프게 될지도 모릅니다. 혼자서 견디고 버티다가 스스로를 미화하지 말고 하나씩 해결해나가야 합니다.

그 시작은 바로 부모인 나의 감정을 알아주는 것부터입니다. 내게 필요한 것이 무엇인지, 내 감정이 지금 어떠한지 스스로를 알아주는 거예요. 물론 공감하며 충분히 들어줄 수 있는 사람이 옆에 있다면 더할 나위 없이 좋습니다. 이야기하는 것만으로도 해소가 되니까요. 하지만 아이를 키우며 내가 필요한 상황에 즉각적으로 나를 공감해줄 사람을 만나기는 현실적으로 매우 어렵습니다. 그러니 내가 먼저 나의 마음을 알아주는 것이 중요합니다.

아이의 몸과 마음을 돌보기 위해 종종거리며 애쓰느라 마음이 많이 지쳐 있다면 내 안의 에너지를 회복하기 위해 힘써주세요. 남편이나 다른 가족들에게 적극적으로 도움을 요청하세요. 그래도 됩니다. 자신의 감정과 욕구를 들여다보고 보살필 수 있어야 아이를 더 잘 돌볼 수 있습니다. 자기 비난이나 질책이 아니라 자신을 자주 따뜻하게 품어주고 지지해줄 수 있도록 자신에게도 관심을 가져주세요. 아이의 감정을 알아주는 것만큼 부모의 감정을 알아주는 것도 중요합니다.

CHECK!

지금 나의 에너지를 체크해보세요.

공감도 에너지가 있어야 할 수 있어요.

아이의 마음을 이해하고 공감해주기 위해서는 내 안에 그렇게 할 수 있는 에너지가 있어야 합니다. 내가 너무 힘들면 다른 사람(설사 내 아이라도)을 공감해주기는 매우 어렵습니다.

에너지를 채우기 위해서 어떤 도움이 필요한가요?

'Chapter 3. 내 마음과 다르게 욱하지 않는 기술'을 활용해봅니다.

아이가 잘못된 행동을 할 때

: 아이에게 제대로 요구하는
방법을 기억하세요.

일곱 살 채윤이와 다섯 살 시율이의 엄마는 저녁을 먹인 후 청소를 하다 보니 잘 시간이 다가와 아이들에게 서너 번 방 정리를 하라고 했습니다. 아이들은 대답을 하고 그냥 놀고 있는 상태였고, 1시간 정도 지나 다시 가보니 정리가 3분의 1밖에 안 되어 있었습니다.

엄마도 피곤한 상태라 그 상황을 보니 갑자기 화가 나서 아이들한테 언성을 높이며 말했어요.

"자기 물건은 자기가 치우라고 했잖아. 아까 엄마가 정리한다고 했을 때 뭐라고 했어? 너희가 치운다고 했지? 그런데 왜 아직도 그대로야? 거짓말한 거야?"

"장난감 치우기 싫으면 아예 없는 게 낫겠다. 그럼 치울 일도 없잖아."

결국 다 갖다 버려야겠다는 엄포까지 놓자 아이들은 울면서 장난감을 치우기 시작했습니다.

아이가 말을 듣지 않을 때 부모가 하는 오해

부모들은 자녀가 말을 잘 듣기를 바라지만, 부모가 몇 번을 말해야 겨우 하거나 화를 내야만 그다음 행동을 하는 경우가 많습니다.

아이에게 무언가를 지시하고 나서 아이가 그걸 지키지 않으면 부모들은 이렇게 생각하기 쉽습니다.

'왜 알면서도 안 하는 거야!'

'날 무시하나? 왜 내 말이 먹히지 않지?'

'대체 나를 어떻게 생각하는 거야!'

흔히 하는 이런 생각들은 아이를 너무 과대 평가하는 것입니다. 아이들은 부모들을 괴롭히기 위해서 '일부러' 하지 않는 것도 아니고 부모를 '무시'하는 것도 아닙니다.

하지만 마음속에 솟아나는 이런 생각들이 꼬리에 꼬리를 물기 시작하면 절로 화가 나지요. 특히 여러 번 반복해서 이야기했기 때문에 아이가 무슨 말인지 잘 알 것이라고 여길 때는 화의 강도가 더 커집니다.

부모의 반복된 요구에도 아이가 잘못된 행동을 하는 데는 다음과 같은 이유가 있습니다.

첫째, 부모가 정확히 무엇을 요구하는지 모를 때 아이들은 잘못된 행동을

합니다. 부모가 한 말을 듣고 어떻게 행동해야 할지를 모르는 것이지요. 부모는 자신의 말에 아이가 듣는 척도 안 한다며 비난하게 되고, 아이는 아이대로 마음속에 억울함이 싹트게 됩니다.

둘째, 잘못됐다는 건 알지만 어떻게 행동해야 하는지를 모르기 때문에 잘못된 행동을 합니다. 엄마, 아빠가 자기 때문에 화가 난 것은 분위기나 말투로 느낄 수가 있습니다. 그런데 자신이 무엇을 해야 상황을 바로잡을 수 있는지 몰라 생각나는 대로 하거나 같은 행동을 반복합니다. 그러면 부모는 더 화를 내는 악순환이 계속됩니다.

셋째, 부모의 말을 따를 능력이 없는 경우입니다. 아이의 한계는 생각하지 않고 부모의 눈높이에서 아이를 다그치는 경우가 많습니다. 아이에게 집에서 무조건 뛰지 말라고만 한다면 아이들은 그 말대로 하기가 어렵습니다. 아이들은 일부러 그러는 것이 아니라 신나게 놀다 보면 감정적으로 흥분해서 자신도 모르게 뛰기도 하거든요. 이때는 바깥놀이 시간을 마련해주든지 뛸 수 있는 공간을 마련해 지정해주는 것이 좋습니다. 그것이 불가능하다면 앉아서 할 수 있는 다른 놀이를 제안할 수도 있겠지요. 부모도 아이에게 무언가를 바랄 때는 연령이나 발달 단계에 맞춰 요구하거나 적절한 대안을 먼저 제시해주는 것이 필요합니다.

마지막으로, 규칙이 부당하다고 여길 때 아이들은 부모의 말을 듣지 않습니다. 부모는 집에서 스마트폰을 손에서 놓지 않으면서 아이에게 영상을 그만 보라고 한다면 아이는 순순히 부모의 말에 따를까요? 또 어떨 때는 밥 먹을 때 먼저 태블릿을 쥐어주다가 어떨 때는 절대 안 된다고 하면 아이는 혼란스러울 겁니다. 꼭 지켜줬으면 하는 원칙이 있다면 아이의 말도 들어보고, 가족 구성원이 동의하는 것들로 채워보세요.

아이에게 제대로 요구하는 방법

아이에게 무엇인가를 요구할 때는 다음 3가지 중요한 원칙을 기억해주세요.

첫째, 구체적이어야 합니다.

"이제 잘 시간이니까 장난감 정리해."가 아니라 정확하게 "시곗바늘이 10에 갈 때까지."라는 데드라인을 주는 식으로요. 특히 "조금 있다가", "조금만 놀다가"처럼 일반적인 표현은 서로 다르게 해석할 가능성이 크기 때문에 정확하게 표현하는 것이 중요합니다.

둘째, 이유를 제시해야 아이들이 납득할 수 있습니다.

아이들은 자신에게 해당되지 않는다고 생각하면 수용하지 않습니다. 그 순간은 받아들이더라도 내면화하기는 어렵습니다.

"10시는 너희가 자야 하는 시간이야. 엄마는 너희들이 건강하게 쑥쑥 크는 게 중요한데, 그러려면 10시에는 자야 하거든."

이처럼 부모가 생각하는, 그렇게 해야 하는 이유를 충분히 설명해주세요.

셋째, 이 2가지를 아이가 이해할 수 있는 언어로 표현하고 확인합니다.

아이가 '이해할 수 있는 단어'를 사용해 말해보세요. 아이가 아직 어려 시계를 볼 줄 모르는데 10시라고 말하거나 10시부터 성장 호르몬이 나오기 때문이라는 식으로 말을 하면 아이가 이해하기 어렵습니다.

이렇게 아이가 이해 가능한 언어로 표현했더라도 그다음에는 부모의 말을 아이와 부모가 서로 같은 의미로 해석하고 있는지 확인해야 합니다.

"엄마 말 알아들었어?"라는 표현보다는 "방금 엄마가 어떤 말을 했는지 다시 말해줄 수 있겠니?"라고 물어보세요.

실제로 아이에게 이 질문을 해보면 부모가 무슨 말을 했는지 이해하지 못한 채 고개만 끄덕이거나 "네."라고 대답만 하는 아이들이 있습니다. 반드시 확인해보세요.

제대로 요구했는데도 아이가 부모의 요구대로 하지 않을 때

그렇다면 아이가 이해할 수 있는 언어로 구체적이고 합당한 이유를 제시했음에도 불구하고 아이가 부모 말을 듣지 않는다면 어떻게 해야 할까요?

이럴 경우 대개의 부모는 아이를 비난하거나 위협합니다.

"너 아까 치운다고 해놓고 왜 안 치웠어!"

"왜 약속해놓고 안 지켜! 너 거짓말한 거야?"

"안 치우면 다 갖다 버릴 거야!"

우리는 누군가로부터 비난받으면 상대를 공격하거나 반항하고자 하는 마음이 생깁니다. 아이가 부모의 기대대로 행동하고 더 나아가 그 규칙을 내면화해서 앞으로는 아이 스스로 행동할 수 있도록 하는 일과는 점점 멀어질 뿐이지요.

장난감을 갖다 버리면, 장난감을 가지고 논 다음 정리하는 습관을 아이가 어떻게 배울 수 있을까요? 우리가 원하는 것은 아예 물건을 치울 일도 없게 만드는 것이 아니라 물건을 쓰고 나면 정리 정돈하는 습관을 아이가 배우는 것입니다. 그러려면 아이가 그 규칙을 내면화할 수 있도록 연습할 기회를 만들어줘야 합니다.

1. 아이에게 무언가를 요구할 때는 그것을 어겼을 때 어떤 상황이 일어나는지 예측할 수 있도록 미리 알려주는 것이 좋습니다. 아이도 자신의 행동이 어디까지 부모에게 수용될 수 있는지를 아는 것이 중요하거든요.

"장난감을 치우지 않으면 너희가 바로 치울 수 있도록 엄마가 도와줄 거야."처럼 어떤 행동에 대해서 잘못을 지적하고 그것을 수정하도록 도와줄 수 있는 내용이어야 합니다.

2. 부모가 요구하는 어떤 행동을 잘 수행할 수 있도록 아이가 해야 할 범위를 작은 단위로 나누고, 그 일부를 부모가 함께한다면 아이는 좀 더 쉽게 그 일에 참여할 수 있습니다.

"아까 시계가 10에 갈 때까지 장난감을 정리하지 않으면 엄마가 치우는 거 도와준다고 한 거 기억해? 자, 어디부터 치울까? 정하기 어려우면 엄마가 정할게."

이렇게 말하고 장난감을 치우면 됩니다. 아이가 고집부리며 장난감 치우는 일을 거부한다면 블록 하나라도 손에 쥐여주고 정리하게 합니다. 아이가 장난감 블록 하나라도 치우는 일에 동참하면 그 행동에 대해 언급하고 인정해주세요. 장난감 정리하는 일에 밝은 얼굴로 적극적으로 동참하면 좋겠지만 그것은 부모의 과도한 바람이란 것도 기억하세요. 아이의 감정과 욕구는 통제하기 어렵거든요.

장난감 정리와 같은 어떤 습관을 만들어주고 싶다면, 부모의 요구대로 아이가 행동하지 않았을 때 아이를 비난하는 것이 아니라 아이가 그 습관을 내면화할 수 있도록 도와주는 방법을 사용해야 합니다.

이 방법은 질문을 바꿔보면 찾을 수 있습니다. '왜 저렇게 내 말을 안 듣지?'가 아니라 '어떻게 하면 아이가 이 습관을 내면화하도록 내가 도와줄 수 있을까?'로 질문을 바꿔보세요.

부모가 말하는 방식을 점검하고 바꿈으로써 아이의 행동도 달라질 수 있답니다.

아이에게 어떻게 하라고 구체적으로 알려주지 않아
문제가 생긴 상황들을 살펴볼까요?

아이가 보드용 마카를 사용해도 되냐고 물었어요.

"어디에 쓰려고?"

"그림 그릴 거예요"

"바닥에 묻지 않게 해. 다른 데 묻지 않고 튀어나가지 않게 해야 해."

"응."

아이는 식탁 위에 종이 한 장을 놓고 마카로 쓱싹쓱싹 그림을 그렸어요. 그러고는 거실로 가더니 바닥에 종이를 놓고 이번에는 글씨를 씁니다.

한참 뒤 아이가 와서 바닥을 가리키며 말합니다.

"엄마, 나 안 튀어나가게 했는데 바닥이 이렇게 됐어."

아이의 말에 거실 바닥을 보니 가관입니다. 식탁 위도 마찬가지. 얇은 종이를 뚫고 잉크가 식탁 위와 거실 바닥에 얼룩덜룩!

이런 경우 어떻게 말하는 게 좋았을까요?

"바닥에 묻지 않게 해. 다른 데 묻지 않고 튀어나가지 않게 해야 해."보다는 "다른 데 묻지 않고 튀어나가지 않도록 **밑에 두꺼운 종이 하나 깔고 해.**"라고 말하면 어떨까요?

아이가 부모의 말을 부모가 원하는 대로 해석해서 그대로 실천하는 데는 한계가 있습니다. 따라서 좀 더 구체적이고 친절한 안내가 필요합니다.

화낼 때 기억해야 할
2가지 원칙

: 화내는 법도 배워야 합니다.

　화창한 가을, 여섯 살 준우네 가족이 외출했을 때예요. 아이는 퀵보드를 타고 엄마 아빠는 아이 곁에서 걷고 있었습니다. 이때 아이가 퀵보드를 타고 앞으로 나가면서 아빠 발목을 치고 지나갔습니다.

　"악, 준우야!"

　아빠는 아파서 소리를 지르며 아이 이름을 불렀고, 아이는 그 자리에 서서 뒤를 돌아봤습니다. 아빠는 갑작스레 발목을 과격 당해 아팠고 화도 났습니다. 아이는 쭈뼛거리며 서서 멀뚱히 바라보기만 했고 그 모습에 아빠는 더욱더 화가 났어요.

　"준우야, 아빠한테 미안하다고 사과해야지, 아빠가 많이 아프대."

　엄마가 거들어보지만 아이는 다소 성의 없는 표정으로 "미안해~."라고 짧게 내뱉었어요.

결국 아빠는 화가 치밀어 올라 혼자 가버렸습니다. 아이는 아빠 따라갈 거라며 울고 아빠는 먼저 가버려 보이지 않습니다. 결국 기분 좋게 나온 외출이 엉망이 되어버렸습니다.

엄마는 화가 난다고 이런 방식으로 아이를 대하는 남편의 태도가 마음에 들지 않아 속이 부글거렸고, 아빠는 아이에게 자신이 화가 났음을 알리고 잘못했을 경우 불이익이 돌아온다는 것을 알려주기 위해 이렇게 행동했다고 설명했습니다.

저희 집에서도 비슷한 일이 있었습니다. 남편이 세 살 된 아이를 재우기 위해 아이와 함께 방에 가서 누웠을 때예요. 아이가 누워서 놀다가 남편 얼굴을 때렸습니다. 아이는 아빠와 장난을 친 거라 재밌어했지만 남편은 제법 아팠는지, 아이의 행동을 제지하려고 목소리를 낮게 깔고 또박또박 힘주어 말했어요.

"준아! 아빠 때리면 안 돼!"

아이는 아주 해맑게 이히히 웃으면서 "네~."라고 하는데, 사태의 심각성을 모르는 아이의 태도에 남편이 더 약이 오른 것 같았어요.

"준아! 한 번만 더 아빠 때리면 화낼 거야! 또 그러면 맛있는 거 안 줄 거야."

밖에서 듣기엔 목소리를 쫙 깔고 정색하며 크게 말하는 것부터가 이미 화를 표현하고 있는데 "한 번만 더 그러면 화낼 거야!"라고 화를 예고하는 것이 이해가 안 돼서 아이를 재우고 나온 남편에게 "당신이 아까 의미한 '화'란 뭐야?"라고 물어보았습니다.

그러자 남편은 "때린다는 뜻이었어."라고 말하며 본인도 민망한지 한마디를 덧붙이더라고요.

"아니, 애가 내 말을 이해하지 못하잖아!"

그래서 남편에게 다시 물었습니다.

"당신은 내가 한 말을 당신이 이해하지 못하는 것 같을 때 내가 당신을 때리거나 먹을 거 안 줘도 괜찮아?"

그러자 남편이 말했어요.

"아니, 나는 한 대 맞아도 괜찮지만 밖에 나가서 다른 애 때리고 그러다 괜히 오해받을까 봐 걱정돼서 그랬지."

부모가 아이에게 화를 내는 목적

대개의 부모가 아이들에게 다시는 그러지 말라고 가르치기 위한 긍정적인 의도로 화를 내거나 화가 난 척하기도 합니다. 참을 만큼 참았다고 생각되면 아이를 겁주거나 위협하는 방식으로 아이의 행동에 대해 가르치려고 합니다. 어떤 부모는 아무렇지 않게 아이 머리를 찰싹 때리기도 하고, 자신이 화가 많이 났다는 걸 강조하기 위해서 하지 않아도 될 센 비난의 말을 하기도 합니다.

물론 아이가 어릴 때는 이렇게 화를 내면 말을 잘 듣는 것처럼 보입니다. 하지만 아이가 점점 자라 중학생, 고등학생이 돼서도 그럴까요? 먹을 것을 주지 않겠다고 하거나 아빠 혼자 가버리는 방식이 아이에게 통할까요?

"네가 엄마 말을 안 들으니까 화를 내는 거야."

"네가 하라는 대로 똑바로 안 하니까 엄마가 화를 내는 거야."

우리가 화를 내는 목적이 아이들에게 다시는 그러지 말라고 가르치기 위해서라면 이와 같이 말하는 것은 아무 도움이 되지 않습니다. 특히 화가 많이 났다는 걸 강조하기 위해 일부러 하지 않아도 될 센 비난의 말을 한다고 해서 아이들이 부모가 바라는 비를 더 잘 이해하고 더 쉽게 배울 수 있는 것도 아닙니다.

화내는 법도 배워야 한다

아이들을 겁주고 비난하는 방식으로 행동을 변화시킬 수는 없습니다. 아이들은 고도의 추론 능력이 없기 때문에 부모가 하는 말 속에 숨은 의도를 파악할 수 없습니다. 그렇기에 부모의 비난은 아이에게 '아, 나를 싫어하는 거야. 나는 나쁜 아이야.'라는 메시지로 전달될 뿐이에요. 아이들이 좋은 습관과 태도를 내면화할 수 있도록 '도와주는 말'이 필요합니다. 그 말과 함께 부모의 감정을 표현함으로써 화가 났음을 전달할 수 있어야 합니다.

지금처럼 화를 내지 않아도 아이가 부모의 말을 잘 듣게 할 수 있습니다. 서로 감정이 상하고 관계의 골이 깊어지지 않으면서도 말이죠. 바로 내가 원하는 것에 초점을 맞춰 말하면 됩니다. 내 마음을 들여다보고 감정을 알아차리는 것부터가 시작이며, 이 알아차리는 것만으로도 우리는 다르게 반응할 수 있습니다. 내 감정과 욕구를 반영해 솔직하게 말하고, 아이의 감정과 욕구를 인정하며 듣는 법을 배운다면, 우리가 지금과 같은 방식으로 화를 내지 않아도 아이는 부모의 말을 좀 더 귀 기울여 듣게 됩니다. 물론 기존의 말하는 습관에서 벗어나 새로운 언어 습관을 익히는 데는 시간과 노력이 필요합니다.

화를 낼 때도 원칙과 기술이 있습니다.

첫째, 내가 받은 상처를 상처 주는 방식으로 되돌려주지 마세요.

우리는 아이의 말이나 행동 때문에 마음이 상하거나 상처받으면 화가 납니다. 그러나 내 마음이 상하고 상처받았다는 것을 알리기 위해 아이가 상처받을 말이나 행동으로 되돌려준다면, 아이도 자신의 상처 때문에 아파서 부모가 하는 말이 들리지 않습니다.

"너 한 번만 더 그러면 아빠 혼자 가버릴 거야."가 아니라 "○○하는 모습을 보니 화가 나. 그런 이야기를 들으니 화가 나."라고 솔직하게 자신의 감정 반응을 인식(자각)하고 표현(전달)할 수 있어야 합니다. 우리는 목소리의 크기와 강도, 눈빛으로 화가 났다는 것을 전달할 수 있습니다. 단호하고 강한 어조로 말함으로써 아이의 행동을 지적하고 통제할 수 있습니다.

둘째, 내가 무엇을 원하는지 가이드라인을 구체적으로 전달하세요.

우리는 아이의 잘못된 행동을 탓하거나 불만을 표현함으로써 아이가 알아서 내가 원하는 행동을 해주길 바라곤 합니다. 그러나 아이들은 이것을 추론할 능력이 부족합니다. 그러니 내가 무엇을 원하는지, 아이가 어떻게 행동했으면 좋겠는지를 구체적으로 전달할 수 있어야 합니다.

"아빠 다리를 치고 지나가서 너무 아팠어. 아주 위험한 행동이야. 다음부터는 퀵보드를 탈 때 앞에 사람이 있는지 주변을 확인하고 지나가는 거야."

이처럼 다음에는 같은 상황에서 어떻게 행동해야 하는지 아이에게 주의를 주고 알려줄 수 있습니다.

우리의 목표는 화내거나 짜증 내지 않는 부모가 되는 것이 아닙니다. 살다 보면 화나고 짜증나는 일이 어디 한두 가지인가요. 그럴 때마다 어떻게 자신의 부정적인 감정을 다루고 또 적절하게 표현할지를 안다면 건강하고 현명하게 갈등을 해결해나갈 수 있습니다.

우리는 화가 났음을 제대로 표현하고 전달하는 방법을 배워야 합니다. 그래야만 아이도 자신의 화를 참거나 폭발하지 않고 제대로 표현하고 전달하는 방법을 습득할 수 있습니다.

물론 그동안 해온 방식이 아니라 어색하고, 적절한 단어와 문장을 생각하느라 머릿속이 복잡해 막상 말이 되어 입 밖으로 나오는 데 시간이 오래 걸립니다. 지금부터라도 조금씩 바꾸면 됩니다. 백세 인생이잖아요. 10년 동안 연습한다 해도 나머지 50~60년을 써먹을 수 있으니 남는 장사인 셈입니다.

아이에게 어떻게 '말'하고 있는지 점검해보세요.

오늘 아이에게 했던 후회되는 말을 '다음에는 어떻게 다르게 할까?'부터 시작하면 됩니다.

Q. 오늘 아이에게 했던 말 중 후회되는 말은 무엇인가요?

예) "엄마가 뛰지 말라고 몇 번을 말했어! 관리실에서 또 전화 오면 좋겠어!"
　　"밑에 집 아저씨가 이놈 한다!"

Q. 오늘 아이에게 했던 후회되는 말을 다음에는 어떻게 다르게 하면 좋을까요?

예) "네가 일부러 그러는 게 아니란 걸 잘 알아. 그래도 뛰면 아랫집 가족들이
　　쿵쿵 소리에 시끄러워 서로 이야기하는 게 잘 들리지 않을 거야.
　　침대에서 뛰고 오든지, 여기 앉아서 블록 가지고 놀자."
　　"관리실에서 쿵쿵거린다고 전화 올까 봐 엄마가 신경 쓰이고 걱정되는데,
　　침대에서 뛰고 오든지, 여기 앉아서 블록 가지고 놀자."

아이의 행동을 지적하고 비난하는 말에는 구체적으로 어떻게 다르게 행동하라는 정보가 없습니다. 아이에게 주의를 주는 방식만 바꿔도 아이와의 관계의 질이 높아집니다.

CHAPTER 3

//////////////////////////

내 마음과 다르게
욱하지 않는 기술
: 부모의 감정 조절 TIP

화내고 후회하고
다시 화내는 패턴에서
벗어나는 방법

많은 부모가 마음과 다르게 욱하고 나서 후회하고 돌아서서 또다시 화내기를 반복한다며 힘들어합니다. 욱하는 건 마음대로 되지 않는다 해도, 반성은 의지대로 하기가 좀 더 쉽지요. 이제 반성이라도 다르게 하길 권합니다.

어떻게 다르게 행동할 수 있을까

자는 아이 얼굴을 보며 '내가 왜 그랬을까, 난 나쁜 엄마야. 흑흑.' 이렇게 후회하고 자책하는 데서 끝나면 결국 자신만 정신적으로 피폐해집니다. 또 '내일부터는 안 그래야지.' 다짐하는 데서 그치지 말고 다음에 비슷한 상황에서 어떻게 다르게 말하고 행동할지를 구체적으로 생각해보는 건설적인 반성이 필요합니다.

후회되는 행동은 '아까 왜 그렇게 화가 났는지' 내가 느낀 감정에 대한 원인을 확인하고 '다음에 어떻게 다르게 행동할지'를 생각할 수만 있다면 해결하기가 쉬워집니다. 그래야 비슷한 상황이 또 발생했을 때 조금은 덜 감정적으로 원하는 말과 행동을 선택해서 할 수 있습니다. 어떤 이유로 자극을 받았는지 그 원인은 확인하지 않고 대화법만 익힌다면, 변화는 어렵고 오래 걸립니다.

수치심과 죄책감이 아닌 긍정적인 힘 받기

그러면 어떻게 하면 좋을까요?

첫째, 자기 자신을 질책하고 비난하며 수치심을 불러일으키는 생각들을 하는 대신 자기 자신에게 연민을 가져보세요.

반성은 거기서부터 시작됩니다. 자신의 잘못된 행동을 왜곡하여 오직 긍정적으로만 보자는 이야기가 아닙니다. 한발 떨어져 제3자의 입장에서 객관적으로 보는 힘을 얻기 위해서입니다.

'내가 나쁜 게 아닐까?', '내가 나쁜 부모야.', '내가 예민한 거야.', '내가 너무한 거 아닐까?', '내가 너무 유난인가?', '내가 애를 잡는 건가?', '내가 이상한 건가?'라고 자신의 감정에 대해서 자책하고 회의하지 말고 스스로의 감정을 인정해줄 수 있어야 합니다.

자신이 힘들 수도 있다는 걸 스스로 알아주세요. 그래야 자기 위로와 격려가 가능합니다. 가끔씩 무기력해진다고 하소연하는 부모들은 화를 안으로 참아 누르고 자신의 감정을 돌보지 못했기 때문이에요. 아이가 어떤 말과 행동을 했을 때, 남편과의 어떤 상황에서 내가 힘들 수도 있다고 스스로 인정해주세요. 나의 모성과 나의 사랑을 의심하지 말고요. 남편이나 다른 사람이 내 마음을 충분히 공감해주는 것도 좋지만 내가 나의 그 마음을 인정해주는 것이 더 중요합니다.

'잘하고 싶었는데, 애쓴다고 노력했는데, 내가 하고 싶지 않은 행동을 해서 아이에게 상처를 준 것 같아 마음이 아파. 내가 노력하고 애쓰고 있음을 아무도 알아주지 않는 것 같아서 힘이 빠지고 슬프다. 지친다.'

이런 자신의 마음을 먼저 알아주고 지지해주고 위로해주세요.

"오늘도 애 많이 썼어. 아이들이 아빠와 좋은 시간을 보내게 하려고 함께 나선 길이었는데 일이 좀 꼬여버렸지? 너의 잘못이 아니야. 너만의 잘못이 아니야. 넌 최선을 다했어."

내가 힘들거나 서러웠던 것을 유치하다거나 자신을 나쁘다고 생각하며 부인하는 게 아니라 스스로 인정해주어야 힘을 받을 수 있고, 힘을 받아야 다음 단계로 나아갈 수 있습니다.

물론 쉽지 않을 거예요. 우리는 자기 연민보다는 스스로를 비난하는 생각들을 자동적으로 떠올리게 되거든요. 우리 안에서 자동으로 올라오는 생각들은 우리를 다독이고 지지하는 말보다는 높은 도덕적 잣대에 자신을 비교, 평가하여 잘잘못을 따지고 질책하는 말이 많습니다. 이는 우리 사회가 올바른 사회적 행동에 높은 가치를 부여하는 문화이기 때문입니다. 그래서 구체적으로 내 마음을 공감하고 위로할 수 있는 리스트가 준비되어 있으면 즉각적으로 이에 대응할 수 있어 좋습니다.(이것은 이번 장에서 다룹니다.) 자기 자신에게 연민을 가지기가 어렵다면 친한 친구나 동생 등 가까운 사람이 자신과 똑같은 상황에 처해 있다고 상상해보세요. 그들에게 내가 어떤 말을 해줄지 생각해보면 쉽게 연민의 말들을 찾을 수 있습니다.

둘째, 내가 왜 화가 났는지 나의 생각을 점검해볼 수 있어야 합니다. 화가 나는 원인을 '너'가 아닌 '나'에게서 찾는 것이지요.

자신의 상황을 관찰하는 힘을 키우는 것만으로도 달라질 수 있습니다. 자신의 생각이나 감정 그리고 행동을 관찰해 어떤 맥락에서 화가 나는지 알아차릴 수 있어야 후회하고 자책하는 반복성에서 벗어날 수 있습니다. 똑같은 행동을 모르고 할 때와 알고 할 때는 큰 차이가 있거든요.

근본 원인을 찾아 해결하지 않으면 같은 자극을 받을 때마다 매번 똑같은 행동을 되풀이하게 됩니다. 감정을 알아차리고 표현하는 목적은 감정을 분출하는 것이 아닙니다. 궁극적인 목적은 화의 원인을 찾아 재발 방지 대책을 세우는 것이지요. 다만 감정이 극도로 고조된 상태에서는 아무리 이성적으로 생각하고 행동하려고 해도 너무 어렵기 때문에 감정을 해소하는 과정이 필요합니다.

방법은 간단합니다. 내가 화가 났을 때 어떤 생각들이 올라왔는지를 찾아보는 거예요.

생각이 달라지면 감정도 달라집니다. 그때 어떤 생각이 들었는지, 그리고 그 생각이 진실인지, 타당한지 점검해보는 시간이 필요합니다. 바로 내가 느끼는 감정에 대해 현실 검증을 하는 거지요. 우리 안의 비합리적이고 왜곡된 생각 때문에 부정적인 감정이 따라오는 것은 아닌지를 체크해보는 겁니다.

지난 2017년 한국보건사회연구원에서 열두 살 이상 일반 국민 1만 명을 대상으로 설문 조사를 진행하고, 그 결과를 분석해 '한국 국민의 건강 행태와 정신적 습관의 현황과 정책 대응' 보고서를 내놓았습니다. 놀랍게도 국민 10명 중 9명이 근거 없이 또는 잘못된 근거를 바탕으로 멋대로 생각하는 '인지적 오류'에 해당하는 습관을 갖고 있다는 조사 결과가 나왔습니다. 이처럼 우리 안에서는 우리 자신도 모르는 사이에 인지적 왜곡이 굉장히 많이 일어나고 있습니다. 이런 생각들이 우리를 화나게 하고 우울하게 하고 슬프게 하는 경우가 많습니다.

생각, 감정, 행동은 연결되어 있다

생각을 점검하는 것은 설계를 제대로 하는 것과 같습니다. 우리는 살면서 겪은 무수히 많은 경험을 토대로 자신의 가치관과 신념, 사물과 사람 그리고 세계를 보는 관점을 형성합니다. 만약 우리 안의 신념과 가치관이 비합리적이거나 왜곡되어 있다면 사물과 사람 그리고 세계를 보는 관점 또한 왜곡될 수밖에 없겠지요.

사람은 하루에 오만 가지 생각을 한다고 합니다. 이 오만 가지 생각을 다 살펴볼 수는 없지만, 화가 났을 때 내가 어떤 생각을 하고 있는지를 의식적으로 알아차리기만 해도 화를 멈출 수 있는 강력한 기술을 가지게 됩니다.

자신을 미워하지 마세요.

후회를 주제로 'TED'에서 강의한 캐서린 슐츠는 후회에 대해 이렇게 말했습니다.

"어떤 후회도 없이 사는 것이 중요한 게 아니라, 후회한다 해도 자신을 미워하지 않고 자신이 만들어낸 결점, 불완전한 것들을 사랑하며 자신을 용서할 줄 알아야 한다. 후회는 우리가 잘못했음을 알리려는 것이 아니라 더 잘할 수 있다는 것을 알려주려는 것이다."

자신을 미워하지 마세요. 어떻게 하면 다르게 할 수 있을지 그 방법을 탐색해보면 됩니다. Chapter. 3에서는 그러한 활동을 할 수 있도록 내 안에 긍정적인 에너지를 채우고 감정을 안전하게 해소하는 방법을 안내해드립니다. 그것을 바탕으로 Chapter. 4에서는 아이와 감정을 소통하며 훈육하는 방법을 알려드립니다.

내 마음과 다르게
욱하지 않기 위한
필수 체크 사항 3가지

하나. 나의 전조 현상 알아차리기

내가 언제 자주 화가 나는지만 알아도 변화는 시작됩니다. 우리는 불편한 감정이 올라와도 '이 정도쯤은 몇 번은 두고 보자.'라고 마음을 먹기도 하고, 자신에게 자극이 되는지 알아차리지 못해 그냥 넘겨버리다가 결국에는 화를 분출하는 경우가 많습니다. 그러므로 감정을 잘 관리하기 위해서는 자신에 대해 잘 알 필요가 있습니다.

적을 알고 나를 알면 백전백승이라고 했지요. 결혼 생활을 하고 아이를 키우는 데도 마찬가지입니다. 남편과 아이의 기질과 성향, 나의 기질과 성향을 안다면 갈등이 생기는 과정을 이해할 수 있고, 서로에 대한 정보를 바탕으로 적절히 조율할 수 있습니다. 아이가 아직 부모를 배려할 수 있는 능력이 없다면 환경을 개선함으로써 상황을 통제할 수도 있고요.

예를 들어, 내가 정리 정돈이 아주 중요한 사람인 경우, 물건이 제대로 정리되어 있지 않으면 마음이 불안해 아이가 어려도 포기가 되지 않습니다. 그럴 때는 거실과 놀이방으로 놀이 공간을 분리하는 것으로 환경을 통제할 수 있습니다. 물건이 어지러진 모습이 내 눈에 띄지 않도록 놀이방 방문만 닫아놓으면 되니까요.

사람마다 유독 쉽게 화가 나는 상황이 있다

그렇다면 나는 언제 쉽게 예민해지거나 짜증이 나고 화가 나는지 찾아볼까요?

어떤 상황에서 쉽게 자극을 받고 화가 나는지 찾아보세요. 머릿속으로 막연히 생각해보는 것이 아니라 구체적으로 찾아 적어보세요. 분명 반복되는 상황이 있습니다. 다른 사람은 잘 넘어가는데도 유독 나만 계속 걸려 넘어지는 지점을 찾아보는 거예요. 내가 참지 못하는 순간이 언제인지, 그 상황에서 내게 중요한 욕구가 무엇인지를 알아보는 겁니다.

저는 몸이 피곤하면 남편에게 쉽게 짜증을 내는 편입니다. 잠을 못 자거나 일이 많아서 신경이 예민해지면 남편에게 무뚝뚝하게 말하거나 나도 모르게 짜증난 투로 반응한다는 것을 알아차리게 되었습니다. 그 뒤로 스케줄을 확인하며 몸이 피곤해지는 것을 경계합니다. 피곤하다 싶으면 조금 더 일찍 잠자리에 들기도 하고요. 즉, 제가 알고 있는 상황을 예방하는 행동을 할 수 있습니다. 또 저는 배가 고플 때도 쉽게 예민해집니다. 배고플 때 남편과 언쟁을 하지 않는 것도 우리 집 규칙 중 하나이지요.

어떤 분들은 둘째가 태어나면 첫아이에게 지금처럼 못 해줄 거라는 생각에 안쓰러운 마음이 들어 자신을 희생해가며 참고 참다가 결국은 못 참고 아이에게 소리를 질러버렸다며 괴로워합니다. 또는 아직 아기라는 생각이 들어 평소에 웬만한 것은 다 받아주다가 결국에는 한번 터지게 됩니다. 아이가 보채서 안아주고, 안아주다 힘들어지면 짜증이 나고 화를 내게 됩니다. 그러므로 자신의 에너지 상태를 체크하고 돌보는 것은 자신을 위해서도, 아이와의 관계를 위해서도 중요합니다.

여러분은 어떨 때 쉽게 예민해지거나 짜증이 나고 화가 나나요?

○ 아이가 밥을 제대로 먹지 않을 때
○ 아이가 잠을 빨리 자지 않을 때
○ 크레파스, 장난감 등을 계속해서 새로 꺼내서
  집이 엉망이 될 때
○ 외출하려는데 장난쳐서 준비가 계속 늦어질 때

o 형제(남매, 자매)가 만났다 하면 싸울 때

나를 화나게 하는 수많은 상황이 있을 거예요. 그런데 화를 꾹꾹 눌러 참는 것이 습관이 된 사람은 화가 나도 그것을 잘 자각하지 못하기도 합니다. 이럴 때는 어떤 상황에서 신체적 변화가 일어나는지 가만히 관찰해보는 것도 좋은 방법입니다.

몸에 주의를 기울여 조기 경고 신호 알아차리기

내가 화가 났다는 것을 알아차리는 인지적 자각보다 훨씬 빠르게 일어나는 것이 바로 신체적 반응입니다. 화가 나면 뒷목이 뻣뻣해지거나 얼굴에 열이 오르기도 하고, 가슴이 답답해지거나 머리가 지끈거리기도 합니다. 심장 부근이나 명치 쪽이 뻐근하게 자극이 오거나 심장이 빠르게 뛰기도 하고요. 목소리가 경악되거나 화를 억누르며 말하다 보니 목소리가 떨리기도 합니다. 갑자기 슬퍼진다는 사람도 있습니다. 속이 부글거린다는 사람도 있고, 오히려 차분하게 가라앉는다는 사람도 있어요. 저마다 자각하는 신체적 반응이 다릅니다.

이처럼 화가 나는 상황에서 어떤 신체적 반응을 겪고 있는지 관찰하는 것이 중요합니다. 많은 사람이 자신도 모르게 욱하고 화를 내서 힘들다고 합니다. 대부분이 화가 나는 순간을 알아차리는 연습이 되어 있지 않기 때문에 화가 나는 순간을 자각하는 것보다 신체적

72

반응을 자각하는 것이 훨씬 쉽습니다. 자신의 감정은 바로 알아차리기 힘들어도 신체적으로 나타나는 변화는 뚜렷하기 때문에 더 잘 알아차릴 수 있거든요. 또한 신체적 반응에 주의를 기울이면 현재에 집중할 수 있습니다. 나를 화나게 하는 것은 부정적인 사건 그 자체가 아니라 그 사건을 바라보고 해석하는 나의 생각 때문인 경우가 많거든요. 신체에 주의를 기울이면 이 생각에서 한발 떨어져 객관적으로 볼 수 있는 이점이 있습니다.

몸은 정직합니다. 몸의 반응에 주의를 기울일수록 자신의 감정 변화를 더 잘 알아차릴 수 있습니다.

둘. 화가 날 때 보이는 분노 패턴 파악하기

아이와의 대화 방식을 개선하고 싶다면 현재 아이와 어떻게 말하고 있는지를 점검하는 것부터 시작합니다. 그리고 아이에게 화를 내고 있는 내 모습을 변화시키고 싶다면, 내가 어떤 상황에서 아이에게 어떻게 화내고 있는지부터 점검해보아야 합니다.

어떤 문제를 해결하고자 할 때 가장 중요한 것은 바로 '문제를 명확히 하는 것'입니다. 문제가 무엇인지 정확하게 정의되면 일단 문제의 반이 풀린 것이나 다름없습니다.

내가 화가 났을 때 어떤 말과 어떤 식의 태도로 아이를 대하고 있는지를 확인하고 나면, 대부분의 부모가 가슴 아파합니다. 의식하지 못한 채 무심코 내뱉은 말들을 자신의 눈으로 확인하고 나면 얼마나 폭력적으로 아이를 대해왔는지 반성하게 되고, 그러한 말과 행동이 얼마나 폭력적인지를 인식하고 나면 달라지고자 하는 강한 동기가 생깁니다.

머릿속으로만 생각하거나 그냥 지나치지 말고 꼭 펜으로 적어보세요. 우리는 대개 생각하는 데 많은 시간을 들인다고 여기지만 그 생각이라는 것이 어제도 했고, 오늘도 했고, 늘 해왔던 범위를 벗어나지 못하는 경우가 많습니다.

늘 같은 길로 다닌다면 같은 곳에 도착할 수밖에 없지 않을까요? 늘 오갔던 길로만 다니니 다른 길로 가볼 생각을 하지 못하는 것이지요. 그러다 보니 항상 새로운 결론에 다다르지 못하고 비슷한 결론에 머무르는 것은 당연합니다.

내가 화내는 방식 점검하기

내가 언제 자주 화를 내는지, 그리고 화가 날 때 아이에게 어떻게 말하고 반응하는지를 점검해보세요. 이 점검은 차분히 시간을 들여야 하는 만큼 아이를 어린이집이나 유치원에 보내고 커피 한잔하면서 기록해보거나, 시간이 여의치 않으면 아이를 재우고 스스로를 돌아보면 좋습니다.

1. 아이에게 화가 나는 순간을 찾아서 적어보세요.

예) 아이가 밖에 나갔다 와서 손을 씻지 않고 TV를 볼 때

2. 화가 날 때 아이에게 어떻게 말하고 어떻게 행동하는지 찾아서 적어보세요.

예) "엄마가 밖에 나갔다 들어오면 손 먼저 씻으라고 몇 번을 얘기했어?"
"엄마가 대체 몇 번을 말해야 알아듣니? 혼자서 좀 할래?"
"엄마가 이렇게 따라다니면서 일일이 챙겨주고 잔소리해야겠어?"
잔소리 폭격을 한다.
한숨 쉰다.

3. 그때 어떤 생각이 들었는지 찾아서 적어보세요.

예) '밖에 나갔다 들어오면 손부터 씻어야 한다고 몇 번을 얘기했는데!'
'알면서도 자꾸 저러니. 내가 화를 낼 만하지!'
'엄마를 대체 뭘로 보는 거야. 내가 잔소리하지 않으면 안 되지.'
'어휴, 저래서 커서 뭐가 되려고. 걱정된다, 걱정돼.'

4. 화를 어떻게 해소하고 있나요?

예) 아이에게 잔소리를 한다.
아이에게 소리를 지른다.
TV를 내다 버릴 것이라고 위협한다.
말수가 줄어들고 냉랭하게 대하는 것으로 아이에게 벌을 준다.

5. 내가 원하는 상황은 어떤 모습인가요? "____ 해야만 한다."라는 문장으로 써 봅니다.

예) "아이가 밖에 나갔다 들어오면 엄마가 말하지 않아도 알아서 손을 씻을 수 있어야 한다."

6. 나의 화내는 스타일은 어떤가요?

예) 나는 화가 나면 아이에게 소리부터 지른다.
　　마음에도 없는 소리를 한다.
　　입을 닫고 말을 하지 않는다.

7. 내가 위와 같은 방식으로 아이에게 화를 내고 나서 걱정되는 것 또는 드는 생각은 무엇인가요?

예) 아이가 주눅들까 봐 걱정된다.
　　아이가 나를 싫어하거나 미워할까 봐 걱정된다.

8. 내가 화를 냈을 때 아이의 반응은 어떤가요?

예) 자기 방으로 들어가 버린다.
　　마지못해 손을 씻으러 들어간다.
　　엄마 눈치를 본다.
　　들은 척도 안 한다.

내가 언제 화를 내는지, 그리고 아이에게 어떻게 말하고 반응하는 지를 점검해보았나요?

사람마다 화가 날 때 보이는 반응 패턴이 있습니다. 이것은 고정 적이진 않습니다. 상대나 장소에 따라 달라지기도 합니다. 윗사람에게는 아무 말도 못 하다가 아이에게 그 스트레스까지 모두 쏟아내기도 하는 것처럼요.

하지만 대개 집에서 아이에게 하는 방식은 고정적입니다. 가장 나약한 존재인 아이를 대하는 방식을 통해 내가 어떠한 방식으로 나의 화를 대하고 있는지 찾아볼 수 있습니다.

누군가는 크게 소리 지르거나 비난하는 뜨거운 화를 내기도 하고, 아예 눈을 쳐다보지 않고 불러도 대답하지 않거나 딱 해야 할 말만 하는 냉정한 태도를 보이는 차가운 화를 내기도 합니다. 화가 나게 한 상대의 속을 살살 긁는 것으로 소심한 복수를 하기도 하지요.

앞서도 말했지만 자기 자신과 상황을 관찰하는 힘을 키우는 것만으로도 우리는 달라질 수 있습니다. 똑같은 행동을 모르고 할 때와 알고 할 때는 큰 차이가 있습니다. 우리가 언제 화가 나고 화가 났을 때 어떻게 반응하는지를 알아차리는 것만으로도 변화의 첫걸음을 내딛은 것입니다.

셋. 나의 감정 조절 패턴 바로 알기

평소에 언제 화가 나고, 화가 날 때 어떤 방식으로 화를 내고 있는지 알아보았습니다. 이번에는 평소에 잘 사용하는 감정 조절 방법은 무엇이고, 그것이 효과가 있는지 점검해보겠습니다.

감정이 고조된 상태에서는 제대로 나의 마음을 들여다보기가 쉽지 않습니다. 부정적인 쪽으로 치우쳐 상황을 바라보고 생각하기 때문입니다. 화가 난 원인을 객관적으로 파악하는 힘을 얻기 위해서는 긍정적인 에너지를 얻을 수 있는 감정 조절 방법을 사용해야 합니다. 비효과적인 감정 조절 방법은 불쾌한 감정만 증폭되거나 고통을 피하는 활동에서 끝나기 쉽습니다.

내가 사용하는 기분 전환 방법, 내게 도움이 되는 걸까

사람마다 자신도 모르게 이미 사용하고 있는 다양한 감정 조절 방법이 있습니다. 그것이 도움이 되는 방법인지 아닌지를 살펴봅시다.

많은 사람이 화가 날 때 먹는 것으로 기분 전환을 시도합니다. 저또한 화가 나는 감정을 달랜다는 이유로 달콤한 디저트를 먹곤 했습니다. 일을 시작하면서 그동안 잘 참았다며 스스로를 다독이는 행위로 모카 크림이 잔뜩 올라간 카페모카를 사먹는 의식을 치르기도 했습니다. 지금은 마카롱 하나가 제게 큰 정신적 위안을 준답니다.

이처럼 달콤한 디저트는 마음의 위안이 되고 기분 전환이 되는 간편한 방법 중 하나입니다. 문제는 지나치게 많이 먹으면 내가 원하지 않았던 2차적 문제가 발생하고, 그 문제로 인해 기분이 더 나빠질 수도 있다는 것이지요.

스트레스를 풀거나 기분 전환을 하는 방식은 사람마다 다릅니다. 저처럼 먹는 것으로 푸는 사람이 있는 반면, 술이나 담배를 하는 경우도 있고 쇼핑을 통해 기분을 푸는 사람도 있습니다. 특별히 재밌는 프로그램이 있는 것도 아닌데 이리저리 텔레비전 채널을 돌리거나 아예 텔레비전에 빠져 화가 난 상황을 떨쳐버리려고 하기도 합니다. 잠을 자는 경우도 많습니다. 이런저런 부정적인 생각만 떠오르고 마음도, 머리도 복잡해져 잠 속으로 도망가는 것이지요. 또 사람들을 만나 내 화를 돋운 대상을 한껏 뒷담화하기도 합니다.

폭식, 쇼핑, 술, 담배, 뒷담화 등도 일시적으로 사용하면 기분 전환 효과와 함께 마음을 안정시키는 작용을 합니다. 하지만 내가 원하지 않았던 2차적 문제를 발생시키거나 또 다른 불필요한 갈등이 발생할 여지가 있습니다. 특히 자신이 이런 활동을 왜 하는지 알지 못한 채 습관적으로 하고 있다면 '또 쓸데없는 짓을 했다.'라는 생각이 들어 자책하게 됩니다. 무엇보다 현재의 고통을 피하는 활동에 그치기 때문에 도움이 되지 않습니다. 고통을 피하기는 쉽습니다. 대신 괴로움은 연장되지요. 문제가 해결되지 않았기 때문에 시간을 두고 반복될 뿐입니다.

화는 화를 일으키는 자극을 확인하고 원인을 알아야 반복되지 않습니다. 그래야 '다음부턴 어떻게 다르게 할까? 어떻게 다르게 할 수 있을까?'로 나아갈 수 있습니다.

내가 사용하고 있는 감정 조절 방법이 고통을 회피하는 데만 치중하고 긍정적인 에너지를 얻는 데 도움이 되지 않는다면, 나의 욕구를 돌볼 수 있는 건강한 방법으로 대체해나가야 합니다.

부모의 감정 조절 기술이 필요한 이유

내 마음과 다르게 욱하지 않기 위한 필수 체크 사항은 왜 필요할까요?

우리는 누군가와 크게 다투는 것은 아니지만 불편한 감정적인 부대낌을 종종 경험합니다. 콕 집어 말하기에는 사소하거나 유치해서 그냥 지나쳐버리기도 하고, 그 순간에는 화가 났지만 조금만 시간이 지나면 또 크게 기억나지 않아 잊어버리기도 합니다. 이런 일들은 우리가 알아차리지 못한 순간순간 발생하고, 그때마다 우리 안에 짜증이나 화가 쌓입니다. 거슬리는 감정의 강도가 작을 때는 미처 알아차리지 못해 눌러놓다가 예상지 못한 상황에서 발화점이 자극되면 이것이 불쑥 터져버리기도 합니다. 화낼 일까지는 아니라고 여기며 '이 정도쯤은 넘겨야지. 한 번 더 두고 보자.'라는 마음으로 참았던 것이 스트레스 받는 일로 내 마음 상태가 안 좋거나 많이 힘들면 갑자기 터지게 되는 것이지요.

그렇기 때문에 평소 자신의 감정을 적절히 돌보는 방법들을 알고 있어야 합니다. 만약 불쾌한 감정을 그대로 둔다면 결국 가장 나약한 대상인 아이에게 짜증과 신경질을 내며 화풀이하기 쉬우니까요. 즉, 아이가 나의 감정 쓰레기통으로 활용되는 참사를 막기 위해서는 감정 찌꺼기를 비우기 위해 내 마음을 돌보는 활동이 필요합니다.

많은 사람이 나이가 들면서 몸에 좋다는 무언가를 챙겨 먹습니다. 눈에 좋다는 루테인, 피로 회복과 간에 좋다는 밀크시슬, 비타민 D, 면역력 강화에 좋다는 유산균 등. 그렇지만 마음, 감정 관리를 위해서는 매일 무언가를 하지 않는 경우가 더 많지요.

우리는 관계 속에서 살고 있고, 관계 속에서는 갈등이 생길 수밖에 없습니다. 그 속에서 상처를 주기도 하고 받기도 하는데, 갈등 속에서 내 마음을 건강하게 지키고 관리하는 방법들을 알고 있어야 하고, 사용할 수 있어야 합니다. 그래야 아이에게 알려줄 수 있고 아이와도 좋은 관계를 유지할 수 있거든요.

사람은 자기 자신을 이해하는 만큼 변화할 수 있고 성장할 수 있습니다. "너 때문에 내가 화가 나는 거야."처럼 밖으로 향하던 시선을 안으로 돌려 자신의 마음을 들여다보는 연습이 필요합니다.

모든 것의 시작은 '나 자신'에서 출발합니다. 내 감정이니 나를 아는 데서 시작하는 것은 어쩌면 당연한 이치지요. 감정의 주인은 나이고, 그 감정에 대한 책임 또한 내게 있음을 잊지 마세요.

내 마음과 다르게 욱하지 않기 위한 필수 체크 사항 3가지

**1. 화가 났을 때 나의 전조 현상은 무엇인가요? 〈조기 경고 신호 알아차리기〉
화가 날 때 나의 몸은 어떠한지 구체적으로 적어보세요.**

예) 숨이 턱하고 막히는 것 같다. / 얼굴에 열이 난다. / 뒷목이 뻐근하다.

---

2. 나는 평소 화가 날 때 어떤 식으로 화를 표현하나요? 장단점은 무엇인가요?

예) 소리를 지른다.
(장점) 속이 시원해진다.
(단점) 아이가 무서워한다.

**3. 나는 평소 화가 날 때, 불쾌한 감정을 느낄 때 어떻게 감정 조절을 하고 있나
요? 장단점은 무엇인가요?**

예) 일단 먹는다.
(장점) 뭔가를 씹으면 기분이 좋아진다.
(단점) 대부분 인스턴트 음식이라 살이 찌고, 몸에도 나쁘다.
　　　 다 먹고 나면 더 기분이 나빠질 때도 있다.

나만의 감정 조절
처방전 확보하기

　감정에는 에너지가 듭니다. 내 감정을 느끼고 견디는 데도 힘이 들고, 다른 사람의 감정을 지켜보는 것도 힘이 듭니다. 아이의 욕구를 인정하고 아이의 가치 체계가 나와 다르다는 걸 알고 있더라도 아이의 감정을 지켜보는 데는 힘이 들 수밖에 없습니다.

　내 안의 부글거리는 감정을 돌보지 않는다면 우리는 자신이 원하는 행동을 선택하기가 어렵습니다. 내 안에 긍정적인 에너지를 다시 충전하기 위해서 우리는 건강한 감정 조절 처방전을 확보해야 합니다. 그렇지 않으면 알게 모르게 에너지를 더 뺏기거나 또 다른 갈등이나 문제를 일으키는 방법을 사용하게 될지도 모르거든요.

　미용실에 가면 나의 두피 상태에 따라 처방되는 영양제(세럼)가 달라집니다. 모발이 가늘어지기 시작했다면 모근 강화 세럼, 머리카

락이 푸석푸석하다면 촉촉한 영양 세럼이 처방되듯 나에게 맞는 처
방전을 찾아 꺼내 쓸 수 있도록 리스트업 작업이 필요합니다.

그럼 이제 언제, 무엇을 할 때 기분이 좋아지는지 살펴볼까요?

부정적인 감정은 내게 중요한 것이 충족되지 않았다는 신호

기분이 나아지는 방법은 사람마다 다릅니다. 청소를 하면 기분이
좋아져 기분이 나쁠 때 청소를 한다는 사람도 있고, 그 말을 들은 누
군가는 손사래를 치며 "화가 났을 때 청소를 한다는 말만 들어도 답
답해지고 더 화가 나네요."라고 반응하기도 합니다. 누군가는 "문구
점을 털러 간다."고 표현하기도 합니다. 예쁜 디자인의 팬시 문구나
위로가 되는 예쁜 엽서를 사는 것만으로도 큰 기분 전환이 된다고
하죠. 또 다른 누군가는 매일 밤 답답한 기분에 1천 원이라도 쓰는
쇼핑을 해야 기분이 풀린다고 합니다. 적은 돈으로 구입할 수 있는
물품에서부터 몇십만 원에 이르는 가전제품까지, 매일같이 집으로
택배가 오지요. 사우나에 가서 뜨거운 물에 몸을 담근 뒤 열심히 때
를 밀고 나면 기분이 한결 낫다는 사람도 있고, 동전 노래방에서 한
바탕 소리를 지르고 오는 사람도 있습니다. 물론 친구를 만나 수다
를 떠는 경우도 있습니다. 또한 잠으로 도망치기도 하는데, 부정적
인 감정과 만나기 싫은 무의식이 나도 모르게 자도 자도 잠이 오도
록 만드는 것입니다.

이처럼 감정 조절 방법은 사람마다 다르고 그 종류도 무척 다양합

니다. 하지만 내가 사용하는 방법이 고통을 회피하는 데만 치중하고 긍정적인 에너지를 얻는 데 도움이 되지 않는다면, 나의 욕구를 돌볼 수 있는 건강한 방법으로 대체해나가야 합니다.

감정은 우리가 무엇을 중요하게 여기고 무엇을 원하는지를 알려주는 이정표입니다. 화가 난 감정을 통해 아이와 내가 어떤 이유로, 어떤 욕구가 충족되거나 충족되지 않아서 그런 행동을 했는지 발견할 수 있습니다. 즉, 감정은 욕구와 연결되어 있습니다. 우리가 부정적인 감정을 느끼는 것은 우리의 어떤 중요하고 소중한 욕구가 충족되지 않았기 때문입니다. 그것이 무엇인지 들여다보고 찾으려면 에너지가 필요하고, 그래서 나의 기분을 나아지게 만드는 건강한 활동이 필요합니다. 긍정적인 감정을 경험할 수 있는 순간을 의도적으로 만들어보는 것입니다.

나의 욕구를 돌보는 힘이 생기는 활동 찾기

나만의 위로 음식, 위로 공간, 위로 활동, 위로 쇼핑 리스트를 구체적으로 작성해보세요. 자기 자신을 편안하게 해주는 위로 리스트를 만들어놓는 겁니다. 기분이 나쁘다고 냉장고 문을 열고 아무 음식이나 무턱대고 꺼내 먹는 게 아니라, 나를 편안하게 해주고 위로해주고 먹고 나서도 나를 소중하게 대했다는 느낌이 드는 음식 리스트를 만들어보세요. 자신을 위로해주는 ─단, 몸을 상하게 하지 않는 범위 내에서- 위로 음식 리스트를 만들어보는 거예요.

공간에도 에너지가 있습니다. 문을 닫고 방으로 들어가 스마트폰만 만지거나 잠만 자는 것이 아니라, 내 마음이 푸근해지고 에너지를 충전해주는 곳에 나를 데려다놓을 수 있도록 공간 리스트를 만들어보세요. 지금 딱 떠오르는 곳이 없어도 괜찮습니다. 앞으로 내 삶에 힐링이 될 장소를 찾고 그것을 리스트업하는 작업을 이제부터라도 시작하면 되니까요.

위로 리스트에 있는 음식과 공간 등에서 에너지를 충전하는 이유는, 충족되지 않았지만 의식하지 못하고 있는 자기 자신의 욕구들을 들여다볼 힘을 키우기 위해서입니다. '지금 내 기분은 어떻지?', '왜 이런 기분이 들었을까?' 하고 생각할 수 있는 에너지를 얻기 위한 사전작업인 셈이지요. 자신의 감정과 욕구를 찾아 공감할 수 있는 힘을 받기 위해 필요한 절차입니다. 처음에는 기분이 나쁠 때마다 위로 리스트를 통해서 힘을 얻어 내 욕구를 들여다보는 작업으로 시작하지만 점차 연습이 되면 위로 리스트 없이도 가능해진답니다.

화를 진정시키는 나만의 감정 조절 처방전

나의 욕구를 돌볼 수 있는 건강한 방법을 마련하세요. 긍정적인 감정을 경험할 수 있는 순간을 의도적으로 만들어보는 것입니다.

key point

이것은 다른 문제나 갈등이 생기지 않는 범위에서 이뤄져야 합니다. 예를 들어, 디자인이 예쁜 문구를 사는 것이 기분 전환에 효과가 있다지만, 너무 많은 돈이 든다면 효과적인 방법이 되지 못하고 또 다른 문제가 발생할 수 있거든요.

➜ 위로 음식
   예) 마카롱, 따뜻한 카페라테

➜ 위로 활동
   예) 따뜻한 햇볕 쬐며 공원 산책하기, 마사지 받기, 땀 빼는 운동(달리기)

➜ 위로 쇼핑
   예) 마음에 드는 디자인의 엽서 사기, 예쁜 꽃 사기(1만 원 이하)

➜ 위로 공간
   예) 통창으로 포근한 햇살이 비치는 00동의 00 카페

➜ 위로 음악
   예) 잔잔한 클래식, 귀가 쩌렁쩌렁 울리는 클럽 음악을 찾아 링크로 저장해두기

➜ 위로 친구
   예) 000, △△△(공감이 필요할 때 먼저 요청한다. 통화는 길어도 30분 이내)

이렇게 나만의 화를 진정시키는 방법을 다양하게 확보해놓으세요. 그리고 짜증이나 화가 날 때 자신에게 먼저 물어보세요.
"어떤 활동이 나의 기분을 나아지게 하고 힘을 줄까?"
그런 다음 그에 맞는 적절한 활동을 리스트에서 뽑아 하시면 됩니다.

내가 원하는 것이 무엇인지 알면 해결 방법은 쉽게 찾아진다

나의 욕구를 돌보는 건강한 방법을 확보하면 기분 나쁜 일이 있을 때 무의식적으로 폭식을 한 후 후회하고 자책하는 것이 아니라 내가 무엇을 원하는지 스스로에게 물어볼 수 있게 됩니다.

저는 아이를 낳고 1년간의 육아 휴직 후 복직했습니다. 당시 저녁마다 아이를 재우려고 함께 누웠다가 잠들어버리기 일쑤였지요. 아이가 어렸기 때문에 저녁 8시쯤 잠자리에 들곤 했는데, 막 복직한 터라 긴장했던 탓인지 업무량에 비해 피로도가 높았습니다. 아이를 재우며 저도 깜빡 잠이 들었고 눈을 뜨면 어느새 새벽 1~2시가 넘곤 했습니다. 아무것도 하지 못했다는 허탈감이 컸지만 내일 출근해야 한다는 생각에 다시 잠자리에 눕곤 했지요.

이 상황이 너무 싫어서 퇴근하면서도 커피를 사서 마시곤 했습니다. 당시 저의 욕구를 명확히 자각하지 못했기에 단순히 커피를 마시고 싶다는 충동을 통제하지 못했고, 너무 늦게 마신 커피로 인해 잠을 설쳐 컨디션 관리가 어려운 또 다른 문제가 발생했습니다.

하지만 내 욕구가 무엇인지 명확히 알고 나서는 선택적으로 커피를 마실 수 있게 되었습니다. 저는 아이를 재운 후 나만의 시간을 가지고 싶었던 거예요. 집과 직장을 오가며 사람들 속에서 부대끼고 아이와 씨름하다 자고 일어나면 다시 출근하는 일상에서 나를 돌보는 시간이 절실히 필요했거든요. 그 시간을 확보하기 위해 깨어 있으려고 커피를 마신다는 것을 자각했고, 내 욕구가 무엇인지 알게 되자 무의식적으로 퇴근길에 커피를 사서 마시는 일이 줄어들었습니다.

대신 내 욕구를 충족시킬 수 있는 다른 방법들을 찾으려 노력했습니다. 밤늦게라도 깨어 있으면서 무언가를 하고 싶은 날은 커피를 마시기도 했지만, 대부분은 아이와 함께 일찍 잠자리에 들었다가 일찍 일어나는 걸 선택했습니다. 새벽 시간이 저에게는 더욱 편안하고 집중이 잘된다는 걸 확인했기 때문이지요. 이때부터는 마음 편하게 씻고 아이와 함께 잠잘 채비를 마친 후 잠자리에 들었어요. 그전에는 전혀 잠잘 생각이 없었으므로 제대로 씻지도 않고 누웠다가 그대로 잠들어버리는 경우가 많았거든요.

이렇게 자신의 욕구를 명확히 인식하면 선택할 수 있는 수단이 늘어납니다. 무작정 마시는 게 아니라 선택적으로 소비하게 되고, 내 컨디션을 체크하고 감안해가면서 선택할 수 있게 됩니다. 저는 지금은 더 이상 저녁 커피를 마시지 않게 되었답니다.

내 욕구를 알면 아이를 원망하고 탓하는 행동을 멈출 수 있다

아이를 재우는 일도 마찬가지입니다. 아이를 재운 뒤에도 별다른 계획이 없을 때는 마음 편하게 아이와 누워 있다 같이 잠들었지만, 아이를 재우고 무언가를 하려고 했는데 아이가 내 생각만큼 빨리 잠들지 않으면 화가 올라왔지요. 빨리 잠들지 않은 아이 때문이 아니라 아이를 재운 뒤 하고 싶었던 활동들을 하지 못하거나 지연되어,

즉 나의 욕구가 충족되지 않아서 화가 났던 겁니다.

'내가 저녁에 하려고 했던 일들을 얼른 하고 싶은 마음이 크구나.', '오늘 좀 힘들어서 아이를 재우고 나만의 시간을 보내면서 쉬고 싶었는데, 그걸 빨리 하지 못해서 화가 나는구나.' 이렇게 나의 욕구를 알아차리고 나면 아이에 대한 비난과 원망은 없어집니다. 자연히 부글거리는 감정 또한 가라앉고요.

아이가 울고 떼쓸 때 아이의 감정과 욕구를 알아주고 표현해주면 금방 진정되는 것과 마찬가지로, 나의 감정과 욕구를 내가 알아주고 표현해주면 화난 감정이 진정됩니다. 반면 빨리 자지 않는 아이만 탓하고 있으면 내 안의 화를 키우게 됩니다. 화가 증폭되고 아이를 원망하게 됩니다.

나의 욕구를 돌볼 수 있는 에너지를 얻는 가장 간편한 방법

앞서 살펴본 활동 외에 가장 간편하고 필요할 때마다 꺼내 쓰기 쉬운 방법 중 하나가 바로 내 주의를 환기시키고 나를 위로해줄 수 있는 말을 찾아놓는 것입니다.

관계 속 감정적 부대낌은 늘 발생합니다. 아이 또는 배우자와 아옹다옹하다 감정이 소진되고 힘들 때, 위로 음식과 공간 등 여러 활동이 리스트업되어 있어도 내가 필요한 그때그때 바로 실행하기 어려운 경우가 많습니다. 반면 내게 딱 맞는 맞춤형 공감&위로 문장은 시간이나 공간과 상관없이 바로 꺼내 쓸 수 있는 장점이 있지요.

내게 힘이 되는 문장을 읽는 것만으로도 에너지를 회복시킬 수 있습니다. 다만 인터넷에서 마음에 평화를 준다는 좋은 문장들을 찾아서 무작정 눈에 띄는 곳 여기저기에 붙여놓기보다는 자신에게 맞는 문장을 찾아 반복해서 봐야 더 좋은 효과를 볼 수 있습니다. 이는 살면서 서서히 하나씩 찾고 만나면 됩니다.

10년 전, 당시 미혼이었던 저는 자존감을 높이는 데 좋다기에 무작정 '자존감 강화 문장 7가지'를 아침에 눈뜨자마자 소리 내어 암기한 적이 있습니다. 첫 번째 문장은 바로 "나는 나를 좋아하고 사랑한다."라는 것이었습니다.

어느 날 집에 놀러 온 친구가 화장대 위 자존감 강화 문장이 새겨진 액자를 보더니, "어, 너는 너를 좋아하고 사랑하니?"라고 물었습니다. 그런데 대답이 금방 나오지 않고 머뭇거리게 되더군요. 1년을 암기했는데도 말이에요. 마음이 많이 착잡하고 심란했습니다. 그 뒤로 문장을 암기하는 일은 그만두었지요.

한참 뒤에야 알았습니다. 긍정적인 문장을 암기해 스스로를 세뇌시키는 게 도움은 되지만, 내가 지금 어떤지 자신에 대한 통찰이 수반되어야 효과가 있다는 걸요. 남들이 좋다는 말을 그냥 외운다고 내게 도움이 되는 게 아니라, '아, 내가 남들 시선을 많이 의식하고 예민하게 반응하고 있구나. 내가 남들이 나를 어떻게 생각하는지 염려하는 마음이 크구나, 그래서 불안하구나.'라는 식으로 자신이 어떤 상황에서 어떤 부분 때문에 불편함을 느끼거나 힘든지를 알고 있으면, 자신에게 도움이 되는 적절한 말을 찾을 수 있고 그때 효과가 극대화됩니다.

저의 경우 "괜찮아, 넌 충분히 잘했어, 애썼어, 잘했어." 이렇게 지지해주는 말들이 효과가 있었습니다. 내 상황에 대해 알고 나를 수용하는 것이 전제된 상태에서 이런 활동들이 도움이 되고 의미가 있는 것이지요.

"Don't Worry. Be Happy."라는 말도 많이 하는데, 아무 생각 없이 이 문장을 보기보다는 '아, 내가 충분한 근거도 없이 막연히 걱정하고 불안도 많구나.'라고 인지한 상태일 때 그것이 나한테 위안이 되고 효과가 생깁니다.

많은 부모가 육아 강의를 직접 찾아 듣거나 책을 통해서 공부하는 것도 같은 맥락에서 도움을 받는 것입니다. 자주 육아 강의를 듣는다는 부모들은 이렇게 강의를 듣거나 책을 읽고 나면 며칠간은 아이에게 화내지 않고 참을 만하다고 말합니다. 하지만 며칠이 지나면 다시 원상복귀. 그래서 틈틈이 강의를 들으며 마음을 다잡는 것이지요. 자신의 상황에 맞는 강의를 찾아 들음으로써 마음을 추스르고 힘을 얻는 것처럼, 위로 문장 리스트도 남들이 좋다고 올려놓은 문장들을 찾아서 보는 데 그치는 것이 아니라 내 상황에 맞는 문장들을 뽑아 리스트업하는 것이 중요합니다.

아직 그런 말을 찾지 못했다고 걱정할 필요는 없습니다. 이제 여러

분은 그저 스쳐 지나갔던 어떤 말들을 다시 보게 될 테니까요. 이 책을 읽고 나면 어제까지는 그냥 지나쳤던 말들을 다시 한번 들여다볼 것이고, 자신에게 의미 있는 말들을 가슴속에 붙잡게 될 테니까요.

또 글보다 이미지를 통해 더 선명하고 빠르게 마음이 진정되는 효과를 얻는 사람도 있습니다. 그런 분들은 떠올렸을 때 마음을 편안하게 해주는 이미지나 어떤 장면을 찾아 리스트업해두면 됩니다. 사진으로 출력해 잘 보이는 곳에 붙여두길 권합니다.

저는 하와이를 여행하며 찍은 가족사진 몇 장을 크게 뽑아 거실 한쪽에 붙여두었습니다. 그 사진을 볼 때마다 그곳에서의 즐거웠던 기분이 생생하게 떠올라 기분이 좋아지고 긍정적인 에너지가 충전되거든요. 여러분도 찾아보면 감동이나 행복감을 주는 장면(이미지)이 있을 거예요. 그것을 잘 보이는 곳에 붙여두세요.

마지막으로 후각적인 요소가 주는 힘도 큽니다. 꽃향기를 맡으면 기분이 좋아지고 집중력도 높아집니다. 실제로 재소자 교육에 원예 프로그램을 도입한 후 재범률이 낮아졌다는 연구 결과도 있습니다. 자신이 후각에 예민하다면 좋아하는 꽃 한 송이를 스스로에게 선물하는 건 어떨까요?

이런 여러 활동을 통해서 우리는 자신의 욕구를 돌볼 수 있는 건강한 에너지를 조금씩 충전할 수 있습니다. 일상 속 관계의 부대낌에서 발생하는 감정 찌꺼기를 쌓아두지 않고 그때그때 처리할 수 있는 힘을 키울 수 있습니다.

나에게 효과 있는 말을 찾아보세요.

들었을 때 마음이 따뜻해졌던 말, 스스로에게 위로가 되고 자신을 다독일 수 있었던 문장들을 기억하고 찾아봅니다. 그리고 살면서 그런 문장을 발견해가며 나만의 공감&위로 문장 리스트업 활동을 계속해보세요.

....

....

....

지금 내게 필요한 것이 무엇인지 마음을 들여다보세요! 아이 때문이 아니라, 내게 초점을 맞춰 내가 원하는 것이 무엇인지, 내게 절실히 필요한 것이 무엇인지 내 마음을 먼저 살펴보세요.

바로 욱하지 않고
안전하게 감정을
해소하는 방법

화가 난다고 무조건 아이에게 화를 낼 수는 없으니, 꾹꾹 눌러 참다가 더 이상 참기 어려우면 안방으로 가요. 문을 걸어 잠근 뒤 이불을 뒤집어쓰고 소리를 질러댑니다. 그러고 나면 속이 좀 후련해지고 살 것 같더라고요.

그런데 이제는 아이가 화가 나면 방으로 들어가 이불을 뒤집어쓰고 소리를 지르는 거예요. 내가 그럴 때는 미처 몰랐는데 아이가 그런 행동을 하니 뭔가 잘못됐다는 생각이 들더라고요. 그렇다고 계속해서 참기만 하면 가슴이 너무 답답해 죽을 것처럼 힘든데 도대체 어떻게 해야 할까요? 아이 앞에서 내 감정을 잘 해결하는 방법을 배우고 싶어요.

아이 앞에서는 찬물 한잔도 마음대로 마시기 힘들다는 옛말 그대로, 아이들은 부모의 말과 행동을 그대로 보고 따라 합니다. 아이를 키우면서 스스로를 돌아보고 점검하는 동기가 되지요. 아이를 성숙하게 키우고 싶다면 부모 자신부터 성숙해지면 된다는 말이 어떤 뜻인지 저절로 이해되는 지점이기도 합니다. 그래서 아이에게 부정적인 영향을 주고 싶지 않은 부모들은 "화가 났을 때, 화내지 않고 담담하게 말하고 싶은데 버럭 소리부터 질러 속상해요."라고 자신의 고민을 털어놓습니다.

감정은 알아주고 표현해주면 진정된다

감정이 해소되지 않아 흥분된 상태에서 내뱉는 말들은 또 다른 갈등을 불러일으키거나 후회할 말들, 상대에게 상처를 주는 말들을 하기 쉽습니다. 우리는 상처받고 힘들면 그것을 고스란히 상대에게 돌려주고 싶어 하거든요. 내가 지금 힘들고 고통스러운 만큼 상대방에게 상처를 줌으로써 되갚아주고자 합니다.

하지만 그러면 상대방도 자신의 상처 때문에 내가 얼마나, 어떻게 아픈지 알기가 어렵습니다. 자신의 상처가 쓰라리고 아프기 때문에 상대방의 상처를 살펴볼 여유가 없거든요. 우리가 화를 내는 이유가 내가 원하는 것이나 나의 권리 또는 욕구를 충족시키기 위해서라면, 상대에게 상처를 주는 말이 아니라 내 말을 좀 더 귀 기울여 들을 수 있는 표현들을 사용해야 하고, 그러기 위해서는 먼저 자신의 감정을 진정시킬 수 있어야 합니다.

게슈탈트 심리학에서는 감정을 방해하거나 막지 않으면 감정은 왔다가 저절로 간다고 말합니다. 즉, 감정은 표현하면 해소됩니다. 감정을 소리 내어 말하면 자연스럽게 사라집니다.

하지만 우리는 대부분 우리에게 찾아오는 감정을 유치하거나 적절하지 못하다고 생각하고 회피하거나 부인해버립니다.

'내가 너무 예민한 걸까? 내가 애를 닦달하는 건가?'

'내가 내려놔야 하는데 너무 유난 떠는 건가?'

화난 감정을 잘못된 것이라 의심하거나 자책하지 말고 인정하고 충분히 표현해야 합니다. 감정은 표현하면 해소됩니다. 표현하라는 것은 그냥 지나치지 말고 알아주라는 것입니다. 내 안에 발생한 감정이 거기 있다는 것을 아는 척해주고 알아주고 토닥여주면 감정은 스르륵 가버립니다. 누군가에게 서운하고 섭섭한 마음이 들 때 그것을 표현하거나 알아주지 않으면 마음에 남아 그 사람을 편안하게 대하기가 어려워지고 끝내는 피하게 되기도 하는 것처럼, 감정을 알아주지 않으면 그 감정은 해소되지 않고 내 안에 남아 영향을 미치게 됩니다.

하지만 우리는 부정적인 감정을 인정하고 꺼내 보이는 것을 불편해합니다. 특히 아이 앞에서는 부모로서 본을 보이기 위해 거슬리는 것이 있더라도 한두 번은 그냥 참고 넘깁니다. 불편하지만 그것을 드러내면 내가 구차해 보이기도 하고 기분만 나빠질 것 같아 아닌 척하거나 축소해버리고 무시합니다. 그러면 감정은 해소되지 못하고 내 안에 남아 마음속에서 찰랑거립니다.

아파서 떼쓰는 아이를 대할 때 부모의 감정 조절 방법

제 아이가 다섯 살 때 편도 수술을 받은 적이 있습니다. 퇴원 후 아파서 종일 떼를 쓰는 아이 때문에 저도 남편도 스트레스를 많이 받았죠. 떼를 쓰는 아이에게 "준아, 수술해서 아픈 거야, 소리 지르면 더 아파. 그러니 살살 말해야 해."라는 말을 하면 진정될까요? 아파서 자꾸 짜증을 내고 신경질적으로 빽빽거리며 말하는 아이에게 조언을 해준다고 알아들을까요? 아이에게 조언이나 설명으로 '설득' 하려 하면 지칠 수밖에 없습니다.

그렇다면 "맛있는 거 마음껏 먹고 싶은데 못 먹어서 짜증나고 답답하지?", "목에 뭔가가 걸린 것처럼 자꾸 거슬려서 불편하지?"라는 식으로 아이의 마음을 공감해준다고 다섯 살 아이가 진정될까요? 아픈 것이 사라져야 이 모든 사태가 진정될 테지요. 몸이 아픈, 현재 아이를 자극하고 있는 당면 문제가 해결되지 않으면 아이의 마음을 공감하는 것은 말 그대로 공감일 뿐 아이의 짜증내고 징징거리는 태도까지 바꿀 수는 없습니다.

이렇게 아이가 아파서 무작정 떼를 쓸 때 필요한 것도 바로 부모 (특히 엄마)의 감정 조절 기술입니다. 감정 조절은 무조건 참는 것을 의미하지 않습니다. 인내심을 쥐어짜내어 아이에게 과잉 친절을 베풀며 자신의 감정을 누르다 보면, 그것은 고스란히 다시 아이와 배우자 등 가깝고 친밀한 관계에 부정적인 영향을 미치는 부메랑이 되어 돌아옵니다.

아파서 떼를 쓰는 아이 때문에 힘든 부모는 무엇보다 내 감정을 비워내는 방법을 알고 있어야 합니다. 비워야 아이의 감정을 담아줄 수 있습니다. 아픈 아이를 지켜보면서 그 많은 짜증을 쌓아두기만 하면 아이를 보살피는 데도 더 힘이 듭니다.

먼저 소리 내어 표현해보세요. 엄마 안에서 부글거리는 게 많으면, 아이를 있는 그대로 봐주기가 쉽지 않습니다. "답답하다, 짜증이 난다."라고 내 안에 올라오는 감정을 소리 내어 표현하는 시간을 가지세요. 단, 아이 앞에선 표현하지 마세요. 그 감정은 아이 것이 아닌 내 것이니까요.

저는 안방으로 혼자 들어가서 열심히 뱉어냈습니다. 시원하게 소리 지르고 싶었지만 중얼거리는 것만으로도 충분했어요.

"아, 나 답답해 미칠 것 같아."

"아픈데 뭐라 할 수도 없고, 아으~ 근데 너무 힘들어."

감정의 대표적인 특징 중 하나가 바로 '밖으로 표현되고 싶어 한다'는 것입니다. 그러니 자연스럽게 올라오는 감정을 억누르며 참지만 말고 이것을 밖으로 끄집어내어 해소하는 작업이 필요합니다.

물론 안전한 장소, 안전한 상대 앞에서 해야 합니다. 서로의 감정을 나눌 수 있는 안전한 상대가 없다면 혼자서 스스로를 공감해주어도 좋습니다. 자기 공감을 해주는 것만으로도 효과가 있거든요.

감정을 묵히지 않고 안전하게 해소하는 방법

아이와 함께 있을 때 감정을 안전하게 해소하는 방법으로는 어떤 것이 있을까요?

가장 쉬운 방법은 바로 종이에 내 감정을 휘갈겨 쓰는 것입니다. 손가락이 입이라고 생각하고 감정을 꾹꾹 눌러 담아 종이에 뱉어내는 거지요. 아이가 한글을 모른다면 더욱 안심하고 할 수 있습니다. 종이보다 스마트폰에 적는 것이 더 쉽고 편하기도 합니다.

저는 종이에 적기도 하고 스마트폰 메모장에 적기도 했습니다. 그러다 포털 사이트에 비공개 카페 하나를 만들었어요. 거기에 감정별로 카테고리를 구분해 적었더니 내가 언제 화가 나고 언제 우울해지는지를 한눈에 알 수 있어 좋더라고요.

자신만의 감정 기록용 비공개 카페를 하나 개설해보세요. 그러면 스마트폰을 통해서도 쉽게 감정이 올라올 때마다 기록할 수 있어 편합니다. 카페를 개설한 뒤에는 게시판을 여러 개 추가해 분노, 우울, 슬픔, 기쁨, 감사 등등 내가 일상에서 느낄 수 있는 큰 단위의 감정들을 구분해서 게시판 이름을 정합니다. 그런 다음 상황별로 해당 게시판을 선택해 당시의 나의 감정과 생각들을 기록하는 거예요. 이는 Chapter 5에서 다룰 나의 비합리적인 신념 체계를 살펴볼 수 있는 토대가 됩니다. 내 감정의 현실 검증을 위한 내 마음의 오답 노트가 되는 것이지요.

또 다른 방법은 그림을 그리는 것입니다. 그림은 명료하게 말로 표현하지 못하는 것까지, 우리의 감정을 적나라하게 표현할 수 있는 이점이 있습니다. 아이가 있는 집이니 종이와 크레파스, 색연필 등은 쉽게 구할 수 있을 거예요. 그것으로 아이와 함께 그림을 그려도 되고 혼자 그려도 좋아요. 마음이 불구덩이같이 활활 타오르는 느낌을 스케치북에 빨갛게 타오르고 있는 불꽃으로 표현할 수도 있겠고, 내가 원하는 상황을 그림으로 그려냄으로써 좀 더 쉽게 마음의 안정을 찾을 수 있습니다.

그림으로 그리면서 자신의 감정을 자각하고 표현해주고 그 이면의 욕구를 찾아보는 과정을 통해 스스로를 알아주는 작업을 하다 보면 옆에 있는 아이도 저절로 배우게 됩니다. 부모가 자신의 마음을 건강하게 표현하는 방법, 타인과 나누는 방법을 보고 배우게 됩니다.

마지막 방법은 자기 공감입니다. 아이를 키우다 보면 '마음 알아주기', '공감하기', '공감 대화'라는 표현을 자주 듣습니다. 이는 아이를 위해서만 필요한 것이 아닙니다. 우리에게도 내 마음을 알아주고 공감해주는 사람이 있다면 얼마나 좋을까요? 하지만 우리가 원하는 때에 우리가 원하는 말로 우리가 원하는 만큼 충분히 공감을 받기란 참으로 어렵습니다. 누군가가 내 마음을 나만큼 잘 알아주길 바라는 것은 어린아이의 마법적 사고, 환상일 뿐입니다.

그러니 내 마음을 가장 잘 알고 있는 내가 알아주는 거예요. "나 많이 속상하구나. 좀 더 편안하게 자고 싶었는데, 아이가 일찍 깨서 많이 피곤하지?"라고 스스로 마음을 토닥토닥해주는 거예요. 내 마음을 알아차리고 공감해주는 연습은 더 나아가 아이와 배우자를 공감해주는 것과 연결됩니다. 내 감정과 욕구를 잘 알아야 다른 사람의 감정과 욕구도 알아차리기가 더 쉽거든요.

우리는 좋은 부모가 아이에게 하듯 스스로를 달래고 위로하고 괜찮다고 말해줄 수 있어야 합니다.

CHECK!

자신의 마음에도 관심을 가져주세요.

내 안에서 찰랑거리는 불편한 감정들을 먼저 비워내야, 아이의 감정을 왜곡하지 않고 있는 그대로 담아줄 수 있습니다.

현재 내 마음에는 어떤 감정들이 담겨 있는지 적어볼까요?

아이를 비난하고 싶을 때
욱하지 않고
현명하게 대처하는 방법

아이가 여섯 살부터 태권도장에 다니고 있습니다. 아이는 수업 시간이 너무 빨리 지나가 아쉬움이 크다며 태권도장 가는 시간을 손꼽아 기다릴 만큼 좋아합니다.

그런데 문제가 하나 생겼습니다. 태권도를 시작하고 나서 에너지의 절대량이 더 커진 것입니다. '에너지를 발산하고 오면 집에서 좀 차분해지겠지. 잠도 더 빨리 잘 거야.'라는 저만의 기대가 있었는데 오히려 에너지가 철철 넘치는 거예요.

건강하다는 신호이니 좋아해야 하지만, 에너지가 소진된 상태에서 그 모습을 보니 짜증이 났습니다.

때마침 식탁 위에 종이가 있어 힘껏 휘갈겨 썼어요.

정신 사나운 것 싫다!

시끄러운 거 싫어!

태권도장 다니면서 목소리가 더 커졌어.

제 안에 짜증이 가득 차니 아이를 비난하는 말들을 쏟아내고 싶은 마음이 굴뚝같았습니다. 아이에게 직접 할 수는 없으니 이렇게 휘갈겨 썼습니다. 아이가 아직 한글을 몰라서 안심하고 마음껏 쓸 수 있었지요. 그런 다음 아이를 불러 말했습니다.

"준아, 태권도장에서는 지금처럼 큰 목소리로 이야기하는 게 좋지만, 집에서는 조금 더 작게 이야기해줬으면 좋겠어. 엄마는 준이 말을 잘 듣고 싶은데 크게 이야기하면 귀가 아파서 듣기가 힘들거든. 방금 말한 게 10만큼의 크기야. 집에서는 5만큼으로 이야기해줄래?"

제 말을 들은 아이가 조금 볼륨을 낮춰 말하자 바로 칭찬해줬습니다.

"준아, 방금 5만큼 이야기하니까 네가 무슨 이야기를 하는지 훨씬 더 잘 들려~. 집에서는 지금처럼 말하고, 태권도장에서는 크게 10만큼 이야기하자!"

감정을 해소한 후 내가 원하는 것을 전달한다

당시 제 욕구는 무엇이었을까요? 저는 일단 조용히 쉬고 싶었고, 아이가 차분하고 조용히 말해주길 원했습니다. 하지만 어린아이를 키우는 가정이라면 쉽게 충족할 수 있는 욕구가 아니지요. 그래서 현재 상황에서 아이가 들어줄 수 있는 요청을 한 것입니다. "조용히, 차분히, 가만히 좀 있어!"라고 소리쳐봤자 아이가 할 수 없는 일임을 잘 알고 있으니까요. 또 "왜 그렇게 시끄럽니! 왜 그렇게 설쳐!"라고 말하면 아이는 마음이 상하고 엄마가 자길 싫어한다고 생각할 뿐이 거든요.

아이에게 짜증이 올라올 때, 아이를 비난하고 싶을 때 이렇게 해 보세요.

첫째, 먼저 엄마의 감정 해소하기

아이의 말과 행동에 짜증이 가득 찬 상태라면 좋은 말로 타이르기 가 힘들지요. 이럴 때는 근처에 있는 종이에 떠오르는 생각들을 휘 갈겨 써도 좋고, 스마트폰 메모장을 활용해도 좋습니다. 손에 감정 을 담아 힘껏 눌러 써보는 거예요. 아이에게 하고 싶은 비난과 내 안 의 부글거리는 감정을 글로 표현하는 것이지요.

둘째, 엄마의 욕구 찾기

아이를 향한 비난 뒤에 숨은 엄마의 욕구를 찾아보세요. 감정을 표현하며 해소하는 과정을 통해 감정의 원인, 즉 내가 원하는 것이 무엇인지를 좀 더 쉽게 발견할 수 있습니다. 당시 저의 욕구는 '조용 히 쉬고 싶어.'였습니다.

셋째, 욕구를 실현하기 위한 방법 찾기

욕구를 실현할 수 있는 방법은 여러 가지입니다. 당시 저는 남편과 함께 있었기에 남편에게 아이를 부탁하고 혼자만의 시간을 가질 수도 있었지만, 아이에게 조금만 더 조용히 말해달라는 요청을 선택했습니다. 현재 상황에 맞는 욕구 실현 방법을 찾으면 됩니다.

넷째, 아이에게 구체적으로 요청하기

아이를 비난하는 말에는 다음부터는 어떻게 행동했으면 좋겠다는 가이드라인이 빠져 있기 일쑤입니다. 아이는 어떻게 다르게 해야 하는지 모르기 때문에 잘못된 행동을 반복합니다. 따라서 앞으로는 어떻게 행동하라고 아이가 이해할 수 있도록 구체적으로 알려주어야 합니다. 저는 아이가 알기 쉽도록 목소리 크기를 1에서 10 척도를 사용해 기준을 제시했습니다.

아이를 비난하고 싶을 때 내 안의 욕구가 무엇인가를 확인해보세요. 그리고 그것을 아이에게 요청할 때는 아이가 실현할 수 있는 능력 범위 안에서 방법을 찾고, 구체적으로 요청하세요.

무엇보다 내 안에 짜증이 가득하다면 비우는 게 먼저입니다. 그래야 내가 원하는 것이 무엇인지 좀 더 쉽게 찾을 수 있고 아이의 감정도 담아줄 수 있습니다.

봐주거나 참지 마세요.

나들이를 마치고 집으로 돌아가는 차 안에서 아이가 제 이름을 가지고 장난을 쳤습니다.

"엄마 영어 이름은 미운박, 미운박, 미운박~ 박엄마~."

아이의 행동이 거슬렸지만 햇볕 아래서 서너 시간을 걸어 다녔더니 피곤하기도 하고 대꾸하는 것이 귀찮기도 해서 아무런 반응도 하지 않았습니다. 하지만 속으로는 '언제까지 그러나 두고 보자.'라는 마음으로 벼르면서 지켜봤습니다. 그러다 너무 화가 나서 "그만해. 그런 말 하지 말라고!"라며 소리를 꽥 질렀고, 아이는 바짝 긴장한 얼굴로 얼어버렸습니다.

대부분의 부모들이 아이가 한두 번 잘못된 행동을 했다고 불같이 화를 내거나 크게 혼내지는 않습니다. 한두 차례 정도는 그 행동을 봐주며 참아 넘기는데, 그렇기 때문에 아이는 자신의 행동에 대한 허용 범위를 제대로 인식하지 못해 잘못된 행동을 계속하게 됩니다.

거슬리거나 허용할 수 없는 행동이라면 봐주거나 참지 마세요. '~하지 마라!' 혹은 'OOO!(아이 이름)'라고 경고하는 것으로 넘어가지 말고, 아이가 하는 행동을 멈추게 하고 어떻게 다르게 행동하면 좋을지 알려주세요.

제가 아이의 행동이 거슬렸던 그 순간 참아 넘기는 것이 아니라, "엄마 이름 가지고 장난치니깐 기분 나빠. 하지 마. 다른 노래 부르자."라고 말했더라면 갑자기 욱하며 소리치는 일은 일어나지 않았을 테지요. 아이에게 처음부터 분명히 이야기해 주세요.

아이는 놀아달라 하지만
나는 쉬고 싶을 때
전략적으로 대처하는 방법

워킹맘인 저는 늘 퇴근 후 아이의 욕구와 나의 욕구가 부딪히는 경험을 합니다.

엄마 저녁 먹고 조금 쉬다가 놀 거야.

아이 저녁 먹고 바로, 지금 당장, 나랑 놀아!

아이가 어릴 때는 아이의 욕구를 충족시키는 게 우선이었지만 아이가 다섯 살이 된 후로는 꾸준히 저의 욕구를 표현하고 있습니다.

"엄마는 저녁 먹고 긴바늘이 10에 갈 때까지 쉴 거야. 그래야 에너지가 충전돼서 너랑 더 잘 놀 수 있어!"

"엄마가 여기 의자에서 쉬는 동안 넌 그림을 그리거나 블록 놀이를 하고 있으면 어떨까?"

아이는 처음에는 당연히 싫다고 강하게 거부했습니다. 쉬고 있는 엄마 옆에 와서는 계속 말을 걸기도 합니다.

"엄마 계속 쉴 거야? 기다리는 거 너무 힘들어."

쉬는 게 쉬는 게 아니기도 했습니다. 하지만 아이와 놀면서도 내 욕구에 대한 표현을 꾸준히 했더니 쉬는 시간이 1분, 5분, 10분, 15분, 20분씩 생기기 시작했고, 엄마는 밥 먹고 나면 잠깐 쉬어야 한다는 걸 아이도 인정해주기 시작했습니다.

그렇게 탄생한 것이 아이와 엄마의 놀이 시간표입니다. 놀이 시간표에는 엄마의 욕구와 아이의 욕구가 조율되어 서로 합의된 상황이 담겨 있습니다.

○ 퇴근 후 저녁 먹고 잠깐 쉬어야 한다는 것. 긴바늘이 '10'에 갈 때까지 엄마는 쉬기.

○ 그리고 준이랑 같이 놀기!

이제는 아이도 밥 먹고 나면 엄마가 쉬어야 한다는 걸 자연스럽게 받아들이게 되었습니다. 처음에는 1분도 못 기다리던 시간을 이제는 20분까지 늘리게 되었고요. 그때그때 저의 컨디션에 따라 아이가 조율하는 시곗바늘 숫자에 따라가 주기도 하고, 제가 요구하는 숫자를 고수하기도 합니다. 중요한 건 반드시 엄마에게 왜 그런 시간이 필요한지 이유를 함께 설명해주는 것이에요. 자주 했던 말이라고 생략하지 말고 말이에요.

이런 과정을 통해 아이도 엄마의 시간을 조금씩 인정하기 시작하고, 자신과 다른 사람의 욕구가 다를 때 자신이 원하는 바를 충족시키기 위해서는 조율이 필요하다는 것을 알게 됩니다.

건강한 관계는 얼마나 성숙하게 자신과 상대의 욕구를 조율할 수 있는지에 따라 달라집니다. 무조건 내 것만 주장하는 것도 아니고, 무조건 상대에게 맞춰 양보하는 것도 아니고, 서로 조율해서 맞춰나가는 과정을 배울 수 있어야 합니다.

아이에게 좌절이 필요한 이유

아이의 욕구가 충족되지 않는 좌절 경험은 자신의 욕구를 충족시키기 위해서는 상대와 조율해야 한다는 것을 깨닫게 해주고, 자신의 욕구를 충족시키기 위해 다른 방법을 찾아보는 동기를 부여합니다.

아이가 자존감 높고 상처 없이 밝게 자라길 바라는 마음에, 원하는 것을 다 해주고 싶은데 그러기에는 너무 힘이 든다고 하소연하는 부모가 많습니다. 아이들에게는 부정적인 감정을 경험할 기회도 필요합니다. 즉, 적절한 좌절이 필요합니다. 여기에는 3가지 이유가 있습니다.

첫째, 좌절은 현실을 깨닫게 해줍니다.

'내가 생각하는 것과 다르구나! 내가 하고 싶은 대로 다 되지는 않는구나!' 하고 자신의 한계를 인식할 수 있도록 도와줍니다.

둘째, 나의 욕구와 상대의 욕구가 다르다는 것을 깨닫고, 자신의 욕구를 충족시키기 위해 다양한 방법을 강구하게 됩니다. 아이가 원하는 모든 것이 자신이 노력하지 않아도 충족된다면 굳이 애쓸 필요가 없겠지요. 노력할 필요성을 아예 느끼지 못하게 됩니다.

셋째, 상황에 맞게, 환경에 맞게 자신의 행동을 조율할 수 있습니다.

아이가 위험하거나 하면 안 되는 행동을 할 때는 "안 돼!"라고 말해줄 수 있어야 합니다. 그런데 '부정적인 말은 하면 안 돼.', '부정적인 말은 아이에게 안 좋아.'라는 생각에 "안 돼!"라고 말해야 하는 순간에도 그 말을 하지 않는 경우를 목격한 적이 있습니다. 아이의 자존감에 악영향을 미친다나요?

물론 납득할 수 있는 이유 없이 거절이 반복되면 아이의 자존감에 악영향을 미칠 수 있습니다. 하지만 위험한 상황에서 아이의 행동에 한계를 설정해주는 "안 돼!"는 반드시 필요합니다. 왜 안 되는지 짧은 설명을 덧붙이면 됩니다. '너의 안전이 중요하기 때문에', '네가 건강하게 잘 크는 게 중요하기 때문에'라는 이유는 아이의 자존감을 갉아먹는 것이 아니라 아이를 소중하게 여기는 부모의 마음을 전달해줍니다. 아이는 오히려 스스로를 안전하고 소중하게 대하는 태도를 배우고, 좀 더 성장해서는 이런 과정을 통해 안전한 범위 내에서 자신의 행동을 조율해가는 방법을 배울 수 있습니다.

아이의 욕구가 충족되지 않을 때마다 아이가 상처받을까 봐 걱정하지 않아도 됩니다. 적절한 좌절은 오히려 아이의 성장을 촉진시킵니다.

CHECK!

자신의 욕구를 알고 있어야 적절하게 표현하고 요구할 수 있습니다.

아이와 부모의 욕구가 부딪힐 때, 왜 아이의 요구에 바로 응할 수 없는지에 대한 이유와 부모 자신의 욕구를 구체적으로 표현해주세요.

"엄마가 오늘 아침부터 많이 바빴더니 에너지가 없어서 힘이 없네. 시곗바늘이 10에 갈 때까지 좀 누워 있고 싶어."

"엄마는 쉬어야 에너지 충전이 되어서 너랑 더 잘 놀 수가 있거든."

표현도, 요구도 하지 않은 채 아이나 배우자가 자신의 마음을 몰라준다고, 자신을 힘들게 한다고 투정하고 있는 건 아닌지 스스로를 돌아보는 시간이 필요합니다.

화를 내면 내 눈치를 살피는 아이에게 현명하게 반응하는 방법

아이가 잘못한 일이 있어 아이에게 화를 내고 혼을 냈어요. 저는 아이에게 화가 나면 말을 안 하게 되더라고요. 그러다 보니 아이가 자꾸 제 눈치를 봐요. 엄마 화나지 않았다고, 이제 괜찮다고 말해도 제 눈치를 살피며 조심스럽게 행동하는 아이가 신경 쓰이고 또 속이 상하더라고요.

사실 저는 화가 나면 쉽게 풀리지 않아요. 가라앉히는 데 시간이 필요하거든요. 아이가 제 눈치를 살피는 게 너무 속상하고 싫은데, 어떻게 해야 할까요?

아이에게 화를 내고 나서 아이가 부모 눈치를 살피며 조심스럽게 행동하는 모습을 보고 있노라면 안쓰럽기도 하고, 괜히 아이 기가 죽을까 봐 걱정되기도 합니다. 그렇다고 내 화가 아직 풀리지 않았는데 아무렇지 않은 태도로 아이를 대하는 것도 너무 힘이 들고, 그렇게 하려고 해도 마음처럼 되지도 않지요.

감정은 나도 모르게 새어나간다

감정을 속이고 마음과 다르게 행동하기는 생각보다 어렵습니다. 에너지가 많이 들거든요. 나이가 들수록 자신의 감정대로 솔직하게 반응하는 것이 몸과 마음 모두 건강하게 살 수 있는 방법 중 하나입니다. 감정을 속인 대가는 고스란히 내 몸에 축적되어 영향을 미칩니다.

우리는 자신의 감정에 솔직할 수 있어야 합니다. "엄마 이제 괜찮아, 화나지 않았어."라고 말했는데도 왜 아이는 계속 엄마의 눈치를 살피며 조심스럽게 행동하는 걸까요? 화나지 않았다고 말은 했지만 엄마의 눈빛과 태도 등 비언어 신호로는 '나 아직 화 안 풀렸어.'라는 메시지를 전달하고 있기 때문이지요.

아이에게 괜한 걱정이나 부정적인 영향을 줄까 염려되어 "엄마 괜찮아."라고 말했지만, 아이를 대하는 태도는 그 말을 따라주지 못합니다. 아이는 괜찮다는 엄마의 말을 듣긴 했지만 눈에 보이는 엄마의 태도에서 또 다른 메시지를 읽고 그에 반응하는 것입니다.

솔직하지 않으면 괜한 오해가 생긴다

이럴 때는 아이에게 솔직하게 마음을 전달하는 것이 더 좋습니다.

"아까 네가 한 행동 때문에 엄마가 화가 좀 났어. 너도 후회하고 반성한다고 하니 엄마 마음이 좀 놓여. 근데 엄마는 화가 나면 풀리는 데 시간이 좀 걸려."

"네가 한 일은 이미 용서했어. 다만 내가 놀라고 속상했던 감정이 아직 처리되지 않아서 그래. 엄마는 속상한 일이 있으면 그게 풀릴 때까지 시간이 걸리거든. 그러니 좀 기다려줄래?"

그래도 아이가 계속 눈치를 보는 행동이 마음에 걸린다면 이렇게 말해주세요.

"네가 엄마 눈치를 보는 것 같아서 엄마가 좀 신경 쓰이고 걱정돼. 엄마가 힘낼 때까지 좀 기다려줘."

엄마로서 아이가 걱정되는 부분을 구체적으로 표현하고, 아이를 사랑하는 것과 별개로 엄마의 마음을 돌볼 시간이 필요한 것이라고 알려주는 것이 중요합니다. 그리고 아이의 행동을 혼자 해석하거나 판단하지 말고 아이에게 직접 물어보는 것도 좋습니다.

"엄마가 아직 나한테 화가 난 것 같아서요."라고 대답한다면, "화가 났지만 지금은 아니야. 화가 나면 신경을 많이 쓰게 되는데, 그러다 보니 지금 에너지가 없어서 그래. 휴대전화 배터리처럼 말이야. 그걸 충전하는 데 시간이 좀 걸려. 그래서 그래."

그리고 마음의 안정을 되찾았다면 아이에게 표현해주세요.

"엄마 에너지 충전될 때까지 기다려줘서 고마워."

부모도 사람입니다. 힘을 내기 위해서는 휴식과 시간이 필요해요. 다만 자신의 에너지를 채우는 급속 충전 방법을 알고 있고 그것을 적절하게 사용할 수 있다면 에너지를 회복하기가 훨씬 수월할 거예요. 그렇지 못할 경우에는 아이에게 나의 상태를 솔직하게 말하고 기다려달라고 요청하면 됩니다. 그러면 아이는 '내가 미워서, 나한테 화가 나서 그런 거야.'가 아니라 '엄마가 에너지를 충전하는 데 시간이 걸리는구나.'라고 생각할 수 있기 때문에 불안감에서 벗어나 편안해질 수 있습니다.

자신은 화나지 않았다고 말하며 화난 감정을 잘 숨겼다고 생각하지만 다 티가 난답니다. 감정은 나도 모르게 새어나가거든요. 자신의 감정을 표현하는 데 서툰 사람은 상대방이 자꾸 상황을 추측하도록 만들기 때문에 불필요한 오해가 생길 수 있습니다. 우리는 자신의 마음을 들여다보고 있는 그대로 표현하는 연습이 필요합니다.

아이는 부모의 태도에서 배웁니다.

아이에게 화를 낸 뒤 바로 미안하다고 말하는 게 좋을까요, 아니면 그냥 넘겨버리는 것이 더 나을까요?

아이에게 화를 낸 뒤 바로 미안하다고 하면 아이한테 지는 것 같은 느낌도 들고, 부모 권위가 없어져 교육이 제대로 되지 않을까 싶어 망설여진다는 분들이 있습니다. **화를 내는 것 자체는 잘못이 아닙니다. 다만 아이를 비난하는 방식으로 화를 냈거나 부모의 오해로 아이에게 섣불리 화를 냈다면 바로 사과하는 것이 바람직합니다.**

"아까 너에게 소리 질러서 미안해."

"아까 네 이야기를 다 듣지도 않고 네가 일부러 그랬다고 내 마음대로 생각해버렸어. 미안해."

그런 다음 차분히 당시 화가 났던 내 마음(이유, 오해의 배경)을 전달하면 됩니다.

아이든 부모든 누구나 실수할 수 있습니다. 아이는 자신이 잘못했을 때 그것을 인정하고 용서를 구하는 모습도 부모를 통해 배웁니다. 다만 부모의 사과를 받아들일지 말지는 아이의 선택입니다. 아이의 화가 풀리고 부모를 용서하는 데 시간이 걸린다면 기다려주세요. 사람마다 자신의 감정을 처리하는 데 드는 에너지와 시간은 각기 다르니까요. 사과는 나의 몫이지만 용서는 아이의 선택임을 기억해주세요.

117

CHAPTER 4

내 아이를 변화시키는
감정 소통 훈육법
: 아이의 감정 조절 TIP

아이의
감정 조절 능력은
후천적으로 길러진다

두 살 예은이

자신이 원하는 대로 되지 않거나 뭔가가 마음에 들지 않으면 벽에 머리를 쿵쿵 박는다. 엄마는 화들짝 놀라 왜 그러냐며 아이를 안아 달랜다.

세 살 예은이

자신이 원하는 대로 되지 않거나 뭔가가 마음에 들지 않으면 뒤로 벌러덩 자빠져 두 다리를 버둥거리며 온몸으로 운다. 엄마가 아이를 안아 달래려고 하지만 온몸으로 버둥거리며 몸을 뻗대는 통에 힘들다.

일곱 살 예은이

초조하거나 불안할 때면 입술을 물어뜯어 엄마에게 지적받고 혼이 난다. 혼을 내도 그때뿐, 불안한 마음이 들면 손이 저절로 입술로 향한다.

아홉 살 예은이

친구 때문에 속상하거나 화가 나도 속으로 참으며 그냥 넘기거나 마음속에 쌓아둔다. 부모가 무슨 일이 있었느냐고 물어도 통 말을 안 하니 도와줄수도 없고, 답답한 마음에 아이를 다독여주기보다는 오히려 면박을 주게된다.

화가 나거나 불안할 때 자신의 감정을 알아차리고 스스로를 다독이며 진정시킬 수 있는 능력과 성숙하게 감정을 표현할 수 있는 능력은 살아가는 데 필요한 핵심 기술입니다. 늘 편안하거나 행복한 일만 있거나, 내가 힘들 때마다 누군가가 옆에서 위로해주기는 어렵습니다. 또 원하는 대로 되지 않는다고 심하게 화를 내거나 공격적으로 표현하는 것은 관계를 더욱 안 좋게 할 뿐입니다. 따라서 감정 조절 능력은 삶을 건강하게 살아가는 데 꼭 필요합니다.

감정 조절은 연습이 필요하다

하지만 아이의 감정 조절 능력은 부모의 도움이 없으면 취약할 수밖에 없습니다. 건강하게 자신의 감정을 조절하는 능력은 부모와 안전한 환경에서 오랜 시간 연습을 통해 길러지거든요.

처음부터 아이 혼자서 자기감정 다루는 법을 터득하기는 어렵습니다. 아이는 자신의 감정을 알아차리고 표현하거나 해소하는 방법을 먼저 아이의 감정을 알아차리고 반영해주는 부모를 통해서, 또는 부모가 자기 자신의 감정을 다루고 표현하는 것들을 옆에서 지켜보면서 배우고 연습합니다. 즉, 아이는 부모와 경험하는 상호작용을 통해 감정 표현의 사회화 과정을 거치게 됩니다.

아이들은 자신이 원하는 대로 되지 않을 때 자기 머리를 주먹으로 때리거나 벽에 머리를 쿵쿵 박는 행동을 하는 경우도 있습니다. 부모를 깜짝 놀라게 하거나 당황스럽게 하는 이러한 행동은 모두 견디기 힘든 감정을 진정시키기 위해 아이가 본능적으로, 또는 자라는 과정에서 스스로 터득한 자신만의 감정 조절 전략입니다. 생존 전략인 셈입니다.

좀 더 큰 아이들은 불안에 대한 자기 자극 반응으로 손톱 주변을 잡아 뜯거나 입술을 물어뜯기도 합니다. 이런 아이에게 "피가 나면 세균이 들어가서 감염이 되고, 그 손으로 음식을 먹으면 배도 아플 수 있어."라고 말해봤자 멈추기 힘듭니다. 불안이 커서 자기 자극을 주지 않으면 그 불안을 견디기 힘들기 때문에 하는 행동이니까요.

어린 시절에 아이가 느끼는 부정적인 감정을 부모가 알아봐주거나 지지해주지 않는다면, 아이들은 그런 감정을 느낄 때 어떻게 대처해야 하는지를 배울 방도가 없습니다. 감정을 조절하지 못하고 자신을 진정시키는 기술이 없다면 대부분 '분노'라는 단일한 감정으로 표현하기 쉽습니다. 우리 어른들이 서운하거나 섭섭할 때도, 불안하거나 너무 걱정될 때도 화로 표현하는 것처럼 말이죠.

혹은 아이는 자신의 마음을 표현하기보다는 상대방의 눈치를 살피고 상대방의 기분에 맞춰 행동하려고 노력할 수도 있습니다.

아이의 문제 행동은 아이가 보내는 신호

아이들이 겉으로 보이는 증상은 하나의 신호입니다. 단지 고쳐야 할 잘못된 행동으로만 해석해 그 행동만을 못 하게 하면 또 다른 문제 행동으로 대체될 뿐입니다. 아이의 불안이나 좌절이 무엇인지, 회피하고자 하는 감정적 고통이 무엇인지를 들여다보는 것이 더 중요합니다. 그러기 위해서는 무엇보다 부모가 안전하다는 느낌과 아이를 향한 지지를 제공해줄 수 있어야 합니다. 부정적인 감정을 경험할 때 처음부터 그것을 잘 다루는 법을 배운 적이 없기 때문에 부모가 먼저 아이의 감정과 욕구를 알아봐주고 그에 대해 적절히 반응해주어야 합니다. 부모가 아이가 느끼는 감정을 있는 그대로 인정해주면 아이는 자신이 느끼는 것들을 자유롭게 표현할 수 있습니다.

하지만 우리는 아이의 감정을 있는 그대로 바라보는 대신 "그게 울 일이야. 뚝 그쳐.", "내가 그러지 말라고 했지!"라고 아이의 감정을 판단하고 잘못됐다고 지적합니다. 혹은 아이가 느끼는 감정에 대한 이해 없이 "뭘 그런 걸로 울고 그래."라며 아무 일도 아닌 양 축소해버리기도 합니다.

아이가 스스로를 다독이고 진정시키기 위해서는 공감 받고 위로 받아본 경험이 있어야 합니다. 그런 경험이 쌓여야 나중에 스스로를 위로하고 진정시키는 기술이 생깁니다. 특히 아이는 환경을 통제하는 데 한계가 있기 때문에 자신의 마음을 다독이고 진정시킬 수 있는 힘을 키울 수 있도록 부모가 도와주어야 합니다.

감정은 본능적인 것이지만 감정 조절은 기술입니다. 즉, 저절로 되는 것이 아니라 혼자 걷고 뛰기까지의 과정처럼 훈련이 필요하고, 이때 안전하게 연습할 수 있도록 곁에서 바라봐주고 지지해주는 부모가 필요합니다.

CHECK!

감정이 왜 이토록 중요할까요?

자신의 마음을 구체적이고 논리적으로 표현하지 못하는 아이가 소통할 수 있는 수단이 바로 '감정'이기 때문입니다.

아이가 눈에 거슬리는 행동을 하면, '아, 저건 문제 행동인데, 잘못됐는데, 고쳐야 하는데, 어떻게 해야 하지?'라고 생각하기 쉽습니다. 이때는 아이의 행동 이면의 마음을 먼저 들여다봐주고, 아이가 느끼는 것을 자유롭게 말할 수 있도록 도와주세요. 부모보다 아이가 더 많이 말할 수 있도록요.

자존감 도둑으로부터
내 아이를
지키는 방법

맘카페에 가보면 아이가 공공장소에서 뛰어다니거나 시끄럽게 굴어도 제재하지 않는 부모를 탓하는 글들이 종종 발견됩니다. 많은 사람이 "요즘은 애들을 너무 오냐오냐 키워서 그렇다." 혹은 "요즘 부모들은 아이들을 친구처럼 대해서 문제다."라고 비난합니다.

과연 아이의 감정을 알아주고 마음을 읽어주는 게 아이의 버릇이 나빠지고 자기밖에 모르는 이기적인 아이로 크는 원인이 될까요? 많은 부모의 오해 중 하나가 '아이의 감정을 알아주는 것을 아이가 해달라는 대로 다 해주는, 그래서 너무 오냐오냐하는 것'으로 이해하는 것입니다. 그러면서 '아이가 버릇없어지지 않을까 혹은 나약해지지 않을까' 하고 걱정하지요.

감정을 알아주는 것과
아이가 원하는 대로 모두 해주는 것은 다르다

아이의 감정을 알아주고 인정해주는 것과 오냐오냐하는 것은 다릅니다. 아이의 감정을 알아주는 것은 아이가 하고 싶다는 것을 그대로 들어주는 것이 아닙니다. 감정과 그 속마음은 알아주되, 아이의 요구를 들어줄지 여부는 주변 상황과 부모의 가치 판단하에 이루어집니다.

부모가 무조건 거절만 하면 아이는 좌절감을 느끼게 됩니다. 하지만 아이의 마음을 알아주고 안 되는 이유를 설명해주면 수용하기가 좀 더 쉬워집니다. 실망은 하지만 좌절하지는 않습니다.

아이의 욕구를 알아주는 것은 아이에게 기다릴 수 있는 힘을 키워주는 방법입니다. 부모들은 아이에게 기다릴 힘이 생기기 전에, 아니 그 힘을 키울 수 있도록 도와주기 전에 스스로 그런 능력을 갖길 원합니다. 아이가 기다릴 수 있는 힘을 키우는 방법은 바로 아이의 감정과 욕구를 찾아 공감해주는 데서 출발합니다.

아이의 감정과 욕구를 알아줄 때의 효과 1
자기를 긍정적으로 느낄 수 있다

아이의 감정을 알아주고 인정해주는 것을 통해 부모는 아이가 왜 화가 났는지, 어떤 상처를 받았는지에 대해서 중요한 정보를 얻을 수 있고, 무엇보다 아이가 화를 쌓아두지 않고 표현할 수 있도록 안전한 토대가 되어줍니다.

우리나라는 분노를 표현하지 않는 것을 성숙의 잣대로 보는 경향이 있어 분노를 표현하면 잘못이라고 여기고 아이를 혼내는 경우가 많습니다. 그러다 보니 아이 마음을 먼저 읽어줄 생각은 못 하고 화내는 행동만 고치려고 합니다. 화를 내는 것 자체를 잘못이라고 생각하고 훈육하다 보면 화를 내야 할 때 화를 내지 못하는 어른으로 성장할 수 있습니다.

화를 잘 내야 자기주장도 잘할 수 있습니다. 나와 다른 사람과의 경계 설정을 잘할 수 있어야 상대방이 과도하게 자신을 대할 때 선을 긋고 STOP을 외칠 수 있습니다. 아이에게 필요한 것은 화가 났을 때 그것을 잘 표현할 수 있는 방법입니다. 화나는 감정 자체는 문제가 되지 않습니다. 그러므로 화가 나는 아이의 감정은 인정하되, 행동에는 지침을 주어야 합니다. 그리고 아이가 행동 지침을 수용할 수 있도록 아이의 감정을 타당화해주고 인정해주는 것이 중요합니다. 감정이 진정되지 않은 상태에서 주어지는 행동 지침은 아이 입장에서는 부당하거나 억울하다고 생각되기 때문에 저항이 생길 수밖에 없습니다. 또한 타당성을 인정받지 못한 분노는 자기 자신을 괴롭힙니다. '내가 잘못됐나?', '내가 나쁘구나.' 하고 자신의 감정에 의심을 품고 자기 자신에 대해 부적절한 느낌을 가지게 됩니다.

자기를 긍정적으로 느껴야 힘 있는 주장을 할 수 있습니다. 요즘 자존감 도둑이라는 재미난 표현이 있습니다. 자존감 도둑은 우리 주변에서 알게 모르게 자존감을 훔쳐가는 사람들을 일컫습니다. 아이가 자라면서 예기치 않게 자존감 도둑과 마주쳤을 때 얼굴 표정, 목소리, 태도가 일치되어 힘 있게, 단호하고 명확하게 표현하면 다른 누가 아이의 자존감을 훔쳐갈 수 없습니다. 아이 스스로 자존감 도둑으로부터 자신을 지킬 수 있습니다.

아이의 감정과 욕구를 알아줄 때의 효과 2
스스로를 진정시키는 힘을 기를 수 있다

아이는 부모가 자기의 감정을 읽어주고 욕구를 찾아 말로 표현해주는 경험을 통해 힘들 때 스스로를 다독이고 추스르는 능력을 기르게 됩니다. 절망감을 느낄 때 자신을 지지하고 다독이는 말을 스스로에게 할 수 있게 됩니다. 반면 아이가 부정적인 감정을 보일 때 잘못된 것으로 여겨 아이를 질책하거나 비난하는 말을 자주 했다면, 아이는 절망감을 느낄 때 누구보다 호되게 스스로를 채찍질하며 자기비판적인 말을 하게 됩니다.

부모가 아이의 감정과 욕구를 알아주는 것은 아이 스스로 자신을 다독일 수 있는 힘을 키워주는 길입니다. 그래야 아이가 자기 진정을 위한 건강한 방법을 내면화할 수 있습니다.

아이는 성장하면서 가정의 울타리를 벗어나 학교, 사회로 나가게 됩니다. 언제까지나 내 품에 끼고 아이를 따라다니며 아이의 갈등을 돌봐주기는 현실적으로 불가능합니다. 아이가 내면의 힘을 키우지 않으면 자존감 도둑과 맞닥뜨렸을 때 어떻게 해야 할지 몰라 자신을 지키기 어렵습니다.

부모는 아이에게 넘어지지 않는 법이 아니라 넘어져도 다시 일어설 수 있고, 아이의 주변에 도움을 구할 사람이 있다는 것을 알려주면 됩니다. 그것은 내면의 힘이 바탕이 되어야 하고, 그러기 위해서는 자기를 긍정적으로 느낄 수 있어야 합니다. 이는 부모가 아이의 감정과 욕구를 알아주는 것에서 출발합니다.

부정적인 감정을 대하는 나의 태도 점검

Q. 아이가 화를 내거나 울 때 어떻게 받아주고 있나요?

....

....

Q. 나는 어떤가요? 화가 나거나 속상하거나 슬플 때 어떻게 표현하나요?

....

....

감정을 미성숙하게 다루는 부모의 경우, 아이가 화를 내거나 우울해하거나 슬퍼할 때 부정적인 감정은 무조건 나쁘다고 여겨 주의를 줌으로써 아이가 자신의 감정을 억압하게 만듭니다. 혹은 아이가 힘든 감정으로 고통받는 것을 지켜보는 것이 너무 안타깝고 힘들어 아이가 얼른 그 감정으로부터 빠져나올 수 있도록 돕기 위해 애쓰기도 합니다. 화제를 전환하거나 무조건 "괜찮아."로 아이를 달래는 데 급급하지요.

아이가 정서적으로 힘들어할 때 가장 도움이 되는 것은 무언가를 가르치고 어떻게 해야 한다는 답을 주기보다는, 아이가 겪는 고통에 공감하는 것입니다. 아이는 부모가 자신의 이야기를 잣대 없이 온전히 들어줄 때 편안하게 속마음을 열 수 있습니다. 아이가 자신이 느끼는 것을 잘 말할 수 있도록 지원해주는 것이 아이를 도와주는 것임을 기억해주세요. 그 과정에서 내 안에 불안이 생긴다면 그건 나의 것이고 내가 해결해야 할 내 문제입니다.

내 아이를 변화시키는
감정 소통 훈육법

아이의 건강한 감정 조절 방법은 첫째도 둘째도 셋째도 바로 자신의 감정이 어떤지 알아차리고 그것을 '말로 표현하는 것'입니다.

불쾌한 감정을 느끼는 것 자체는 잘못된 것이 아닙니다. 문제는 표현하는 방법입니다. 아이가 화가 나거나 짜증이 날 때 소리 지르거나 우는 대신 건강하게 화를 표현할 수 있다면 문제가 되지 않습니다. 살다 보면 부정적인 감정을 느낄 수밖에 없는 상황과 맞닥뜨리게 됩니다. 그럴 때마다 적절하게 반응하고 성숙하게 표현하는 방법을 알고 사용할 수 있으면 크게 문제될 일이 없습니다. 화가 나거나 불쾌하거나 짜증이 날 때, 감정이 고조되었을 때, 자신의 감정을 알아차린 다음 스스로를 진정시킬 수 있으면 됩니다. 그래야 자신의 감정을 말로 상대방에게 전달할 수 있으니까요.

이렇게 감정을 조절하기 위해서는 다음 2가지가 필요합니다.

첫 번째는 진정하는 기술입니다. 진정되지 않고 흥분한 상태에서 내뱉는 말들은 또 다른 갈등을 불러일으키거나 후회할 말인 경우가 많습니다.

두 번째는 자신의 마음 상태를 언어화하는 능력입니다. 상대를 비난하거나 상처 주는 말이 아니라, 내가 원하는 상태에 초점을 맞춰 내게 무엇이 중요하고 필요한지에 대해서 구체적으로 표현할 수 있어야 문제를 정의하고 문제 해결 단계로 나아갈 수 있습니다.

화가 나는 아이의 감정은 인정하되 행동에는 지침을 줌으로써 아이의 건강한 감정 조절 방법을 만들어주는 3단계를 소개합니다.

아이의 감정 조절 방법 만들기 1단계 : 담아주기

아이가 느끼고 표현하는 감정을 일단 인정하는 단계로, 아이의 감정과 욕구를 알아주고 공감해줍니다. 즉, 아이의 귀를 열어주는 말을 먼저 해줍니다. 단, 아이의 감정 조절 방법 만들기 3단계를 시작하기 전에 부모인 나의 감정 에너지 상태부터 점검해야 합니다.

감정에는 에너지가 든다고 말씀드렸죠? 그래서 내 감정을 느끼고 견디는 데도 힘이 들고, 다른 사람의 감정을 지켜보는 것도 힘이 듭니다. 아이의 감정을 이해하고 공감해줄 에너지가 없다면 좀 더 시간을 가지세요. 내 감정이 강렬한 경우 마음의 여유가 없기 때문에 아이의 감정을 담아주다 지쳐 뜻하지 않게 화를 내게 될지도 모르거든요. 이때 필요한 것이 Chapter 3에서 작업한 나만의 감정 조절 처방전을 활용하는 거예요. 내 안에 부글거리는 감정이 있다면 그것을 돌보는 것이 먼저입니다.

아이의 감정 조절 방법 만들기 2단계 : 되돌려주기

아이가 자기 마음 상태를 말로 분명하게 표현할 수 있도록 도와줍니다. 아이는 자신의 마음 상태를 말로 나타내는 능력이 부족합니다. 부모가 아이의 마음을 공감해주었다면(1단계) 그다음에는 아이가 어떤 상태인지, 아이의 의도가 어떠했는지 구체적인 언어로 표현해주고, 확인하는 과정이 필요합니다.

아이의 감정 조절 방법 만들기 3단계 :
부모의 마음과 부탁을 표현하고 확인하기

부모의 감정과 욕구를 표현하는 단계입니다. 원하는 것에 초점을 맞추고 가이드라인을 전달합니다.

사람은 누구나 질책이나 비난을 받으면 자신을 보호하기 위해 변명함으로써 방어하거나 저항하고 싶어집니다. 이건 본능이거든요. 아이의 잘못을 질책하는 것은 서로의 감정만 상하게 합니다. 내가 원하는 것이 무엇인지에 대해서만 집중하세요. 만약 비난하고 싶은 마음이 가득하다면 내 마음을 먼저 살펴야 합니다.

아이들이 잘못된 행동을 하는 이유 중 하나는, 잘못인 줄 알지만 다르게 행동하는 방법을 몰라서이기도 합니다. 그럴 때는 구체적인 가이드라인을 주세요. 그리고 가이드라인을 줄 때는 '왜냐하면'이라고 이유를 알려줍니다.

'왜냐하면'의 힘은 강력합니다. 부모가 하고자 하는 말에 힘을 실어주거든요. 하지만 대부분의 부모가 이 과정을 생략합니다. 부모 입장에서는 당연하기 때문입니다. 하지만 아이에게 왜 그래야 하는지를 설명하다 보면 부모 역시 자신의 말을 곱씹어보고 되돌아볼 수 있는 계기가 됩니다. 부모들도 자라면서 왜 그렇게 해야 하는지 잘 모른 채 그저 해온 대로 하고 있는 경우도 많기 때문입니다.

가이드라인을 제시한 다음에는 그것에 대해 어떻게 생각하는지 아이에게 직접 물어보세요. 아이가 동의했다면, 앞으로 어떻게 다르게 행동할지 직접 말로 하게 하고요. 부모가 전달한 내용이 아이에게 오해 없이 잘 전달됐는지 확인하는 과정입니다.

반면 아이가 부모의 요구를 부당하다고 생각한다면, 어떤 방식을 선택하면 좋을지에 대해 아이와 해결책을 조율하는 과정이 필요합니다. 아이는 자신의 의견이 반영될수록 더 잘 지키기 위해 노력하거든요.

몇 가지 사례를 통해 건강한 감정 조절 방법을 만드는 3단계를 연습해보겠습니다.

사례 1. 아이가 자기 마음대로 안 된다고 성질 부릴 때

여섯 살 하랑이는 하루에 한 권씩 동화책을 소리 내어 읽으면 크리스마스 날 산타할아버지로부터 헬로카봇 K-캅스를 선물로 받기로 했습니다.

동화책을 직접 읽는 것보다 엄마, 아빠가 읽어주는 게 훨씬 좋지만 K-캅스 때문에 더듬거리면서도 한 권을 직접 읽어내고 있습니다.

"옛!날! 옛!날!에~!"(핏대를 세워 한 자 한 자 끊어서 읽음)

"하랑아, 좀 작게 읽어."

"옛날, 옛날에….."(엄청 작게, 들릴 듯 말 듯하게 읽음)

"하랑아, 좀 더 크게 읽어."

아이에게 명확한 기준을 줘야겠다는 생각에 엄마는 한 번 더 말했어요.

"원래 네 목소리로 읽어."

"나 안 해!"

아이가 갑자기 책을 덮고 씩씩거리며 흥분 모드로 돌변했습니다. 쿵쾅거리며 거실을 가로질러 작은방으로 들어가서는 울고불고 소리치며 난리가 났습니다.

"엄마 미워. 엄마 때문이야."

아이는 뭐가 그렇게 화가 나는지, 소리를 지르며 울고 고래고래 악을 쓰다가 급기야 구역질을 하더니 토까지 하고 맙니다.

1단계 : 담아주기

아이의 감정을 인정해주고 공감해줍니다.

아이의 감정 조절 능력을 키우기 위해 꼭 필요한 것은 바로 부모가 아이의 감정을 인정해주는 것입니다. 부모가 판단하기에는 이해되지 않거나 부적절한 생각과 감정이라도 그것을 인정하는 것이 먼저입니다. "너는 그렇게 생각하는구나." 혹은 "너는 그렇게 느끼는구나."라고 알아주는 거지요.

이것을 '타당화'라고 합니다. 타당화는 아이가 자신이 느끼는 내적 경험에 대해 신뢰하고 자기감을 강화하는 데 도움을 줍니다. 아이의 감정에 공감이나 이해가 되지 않아 인정해주기가 영 어려울 때는 조건부로 인정하면 조금 더 수월할 수 있습니다. 예를 들어, "네가 … 라고 느낀다면 / 생각한다면 힘들겠다."라는 식으로요.

"OO가 너를 때렸다는 생각이 든다면 많이 화가 나겠다."

"OO의 OO한 행동을 보고 너의 장난감을 뺏어갔다고 생각했다면, 정말 속상했겠다."

"아, 그렇게 생각했다면 화날 수 있겠다. 엄마라도 화가 났을 거야."

심술 맞은 행동이라도 이를 먼저 인정하고 타당화하는 것이 중요합니다.

ㅇ "네가 원하는 방식으로 편안하게 책을 읽고 싶었는데, 엄마가 작게 읽으라고 했다가 또 크게 읽으라고 하고, 이래라저래라 해

서 화가 났구나."

　아이의 감정을 지지하고 타당화, 즉 공감해주면 아이의 감정이 진 정되는 효과가 있습니다. 부모의 공감을 받으면 부모가 자기편이라 고 여기고 자신이 이해받고 있다고 생각하기 때문에 아이는 자신의 마음을 더 솔직하게 드러낼 수 있습니다.

　타당화는 아이뿐만 아니라 부모에게도 똑같이 해당됩니다. 대부 분의 부모가 '화를 내서는 안 돼. 아이를 사랑한다면, 이쯤은 참아 넘 겨야 해.'라고 자신의 감정을 부인하거나, '지금 이렇게 힘든 건 내가 너무 예민해서일 거야.'라고 자신이 느끼는 감정이 잘못되었다고 해 석하며 감정을 인정하고 싶어 하지 않거든요. 그러나 부모도 자신의 감정을 판단하기보다는 '나는 지금 화가 나는구나.'라고 자신이 느끼 는 그대로 인정할 수 있어야 합니다.

　아이의 감정을 잘 담아주기 위해 부모가 할 수 있는 구체적인 행 동은 바로 적극적으로 들어주는 것입니다. 사람은 누구나 자신의 말 을 잘 들어주는 것을 반기고 좋아합니다. 자신이 하는 말에 관심을 가지고 잘 들어준다는 것은, 자신이 존재 자체로 수용되고 존중받는 다고 느껴지기 때문입니다. 이는 곧 온전히 내편으로 여겨지거든요. 반대로 누군가가 내가 하는 말을 들어주지 않는다면 어떤 의미로 받 아들여질까요? 나를 무시한다고 생각하게 됩니다. 자신을 중요하게 여기지 않는다는 의미로 받아들이게 되지요.

또한 들어줄 때 질문은 또 다른 공격이 될 수 있기 때문에 주의해야 합니다.

○ "왜 그렇게 생각해?", "너 왜 그래?", "뭐가 문제니?"라고 묻고 싶겠지만 이렇게 말해주세요.

→ "그래.", "응.", "그랬구나."(끄덕끄덕)

충고나 조언을 하면 할수록 아이는 자기 방어를 위해 입을 닫을 뿐이며, 아이의 가치 체계는 어른인 우리와 다르다는 것을 꼭 기억해주세요.

2단계 : 되돌려주기

아이가 자기감정을 말로 분명하게 표현할 수 있도록 도와줍니다.

"네가 원하는 방식으로 책을 읽고 싶었는데 그러지 못해서 화가 났구나."

"네가 열심히 만들어놓은 블록을 엄마 마음대로 정리해버려서 화가 난 거야?"

이렇게 아이의 감정과 욕구를 찾아서 읽어준 후 아이가 자기감정을 말로 표현하는 연습을 할 수 있도록 기회를 만들어주세요.

"그럴 때는 'OO해서 OO하기 때문에 화가 났어.'라고 말하는 거야. 자, 한번 이야기해보자."

이런 방식으로 아이가 자신이 화가 난 이유를 말로 표현할 수 있도록 도와주는 겁니다.

○ "그럴 때는 '내가 책 읽는데 엄마가 '작게 읽어' 했다가 내가 작
게 읽으니까 또 '크게 읽어'라고 해서 화가 났어.'라고 말하는 거
야. 한번 말해볼까?"

3단계 : 부모의 마음과 부탁을 표현하고 아이의 의견 확인하기

정확한 가이드라인을 제시합니다.

"네가 갑자기 소리를 지르고 쿵쾅거리면서 방으로 들어가서 엄마
는 깜짝 놀랐어. 무슨 일이 있었던 건지 이해하기도 어려웠어."

"엄마는 네가 무슨 말을 하는지 잘 듣고 싶은데, 울면서 말하면 알
아듣기가 어려워. 그러니 울지 말고 원래 네 목소리로 말해줄래?"

아이의 마음을 공감해주고 지지해주는 데서 끝난다면 아이는 다
음에 어떻게 행동해야 하는지 배울 기회가 없습니다. 아이에게 가이
드라인을 알려주세요. 이때 아이 마음을 지지하는 것만큼 부모의 마
음을 표현하는 것도 중요합니다. 이런 과정을 통해 아이가 그런 행
동을 했을 때 다른 사람은 어떤 마음인지를 아이도 알 수 있기 때문
입니다.

또한 이 단계에서 아이의 감정을 진정시키는 데 도움이 되는 방법
을 알려주세요. 흥분한 감정을 진정시키는 전략 중 하나가 바로 호
흡입니다. 호흡은 감정을 가라앉히고 진정시키는 데 탁월한 효과가

있습니다. 호흡법을 바꾸면 감정 상태를 신속히 바꿀 수 있거든요. 방법도 정말 쉽고 간단합니다.

아이에게 화가 났을 때 깊게 숨을 들이쉬었다가 내쉬기를 반복하는 방법을 알려주고 연습시켜주세요. 물론 화가 났을 때는 엄마가 요구하는 이 행동을 순순히 따라 하지 않을 가능성이 큽니다. 이때는 화가 진정된 다음 뒷수습하는 과정에서 아이에게 자신의 감정을 진정시키는 방법을 알려주고 연습시킬 수 있습니다.

○ "화가 났을 때는 숨을 크게 들이쉬었다가 내쉬는 걸 반복하는 거야. 자, 엄마가 5까지 세는 동안 들이쉬고 다시 5까지 세는 동안 천천히 내쉬는 거야."

제가 아들에게 이 방법을 알려줄 때도 처음 한두 번은 따라 하다가 끝까지 집중하지 못하고 흐지부지되는 것으로 끝나곤 했습니다. 중요한 것은 '반복'입니다. 반복의 힘은 정말 세거든요. 제 아이는 이제 화가 머리끝까지 난 상황에서도 제가 재빨리 "준아, 숨을 크게 천천히 들이쉬었다가 뱉어봐~."라고 다급히 말하면, 화가 엄청 많이 났다는 것을 어필하기 위해서라도 숨을 쉬는 동작 자체를 아주 크게 과장하며 합니다. 처음에는 휙휙휙 하고 빠르게 들이쉬고 뱉다가 조금씩 그 간격이 길어졌습니다.

처음부터 짠~ 하고 완성되는 일은 극히 드물답니다. 그래도 제가 믿고 이야기할 수 있는 건, 시간을 들이면 익히게 된다는 것입니다.

감정을 알아차리고 언어로 표현하면 감정을 진정시키는 데 도움이 됩니다. 아직 말을 하지 못하는 어린아이라도 부모가 아이의 감정과 욕구를 대신 말로 표현해주어야 합니다. 부모가 말로 표현하는 것을 들으며 아이도 배웁니다. 뭔가가 마음에 들지 않거나 잘 되지 않을 때, 울고 떼쓰거나 공격적인 행동을 하는 게 아니라 말로 표현할 수 있다는 걸 부모를 통해 배우게 되는 것입니다. 그러다 말문이 터졌을 때, 그동안 아이에게 들려준 말들을 고스란히 돌려받는 감격스런 순간을 경험할 수 있습니다.

사례 2. 아이가 흥분해서 과격한 행동을 할 때

어느 날 밤, 저는 아이가 잠든 것을 확인하고 슬며시 나와 책을 좀 보다가 거실에 어질러져 있던 아이 장난감을 하나둘 정리하고 있었습니다. 그때 갑자기 아이가 방문을 열고 소리를 지르며 뛰쳐나왔습니다.

"엄마! 내 건데 왜 마음대로 정리해!"

당연히 잠든 것으로 알고 있었기에 아이의 등장이 당황스럽기도 했지만, 장난감 블록을 담아놓은 큰 바구니 쪽으로 가서 장난감을 거실 바닥에 부어버리려는 아이의 행동에 더 눈이 동그래졌습니다. 밤 10시 가까운 시각이었기에 장난감 블록이 바닥에 우르르 쏟아질 때의 아래층 층간 소음도 걱정되었습니다.

아이가 블록 통을 쏟아버리기 전에 얼른 아이를 안아 거실의 한쪽 정리된 공간으로 데리고 갔습니다. 팔다리를 힘껏 버둥거리며 "내가 만들어놓은 장난감을 왜 엄마 마음대로 정리해."라고 소리를 지르며 엄마 품을 벗어나려 하는데, 힘은 또 어찌나 센지 아이를 붙잡고 있기조차 버거웠습니다.

자기 마음에 들지 않는다고, 혹은 자신이 원하는 대로 되지 않는다고 아이가 극도로 흥분한 상태로 돌변할 때를 종종 목격합니다. 그럴 때마다 당황스럽기도 하고 조그만 몸에서 어찌 그런 에너지가 나오는지 놀랍기도 합니다. 앞뒤 분간 없이 자기 마음대로 안 된다고 울고 소리를 지르며 방방 뛰는 아이를 바라보고 있노라면, 부모는 화도 나지만 사태가 진정되고 나서도 진이 쫙 빠져버리지요.

저는 3단계로 아이와 소통을 시작했습니다.

1단계 : 담아주기

아이의 귀를 열어주는 말을 먼저 합니다. 아이의 감정과 욕구를 알아주고 공감해줍니다.

○ "준이가 만든 장난감을 물어보지 않고 정리해서 화가 난 거야?"
　"응."

"거실은 엄마, 아빠, 준이가 함께 쓰는 공간이잖아. 준이가 장난감 갖고 놀고 나면 정리를 해줘야 엄마 아빠가 이 공간을 또 쓸 수 있어."

저도 아이의 말을 잘 듣고 공감해주기보다 '조언과 충고'가 먼저 나왔습니다. 어깨를 들썩이면서 울먹거리던 아이는, 자신에게 물어보지 않고 제 마음대로 장난감을 정리한 것에 대한 부당함을 반복해서 소리 높여 외쳤습니다. 아이의 그런 모습을 보며 아이가 자다 말고 뛰쳐나올 만큼 화가 난 이유를 짐작할 수 있었습니다. 우리가 화를 내게 되는 상황 중 하나가 자신이 억울하거나 부당하다고 여겨질 때인데, 아이의 경우가 그랬습니다.

아이가 화가 난 것은 '물어보지 않고 자신의 물건을 마음대로 치워버린 것' 때문이지 장난감을 갖고 놀았으면 치워야 한다는 것에 동의하지 못해서는 아니었습니다. 엄마 아빠의 입장에서는 다 갖고 놀았으면 당연히 깨끗이 치워야 한다는 논리가 작용했고요.

부모와 아이는 서로 생각하는 것이 다르지요. 즉, 아이와 제가 상황을 받아들이고 해석하는 가치 체계가 다른 것입니다. 이 상황에서는 아이가 부당하다고 여기는 부분을 해소시켜주면 부모 말을 들을 준비가 됩니다. 저는 화가 난 아이의 마음을 인정하고 읽어주기 시작했습니다.

○ "준이가 만들어놓은 장난감을 엄마가 물어보지도 않고 치워서 화가 난 거야?"

"응."

"그래, 준이가 만들어놓은 장난감을 엄마가 마음대로 치워버려서 화가 났구나."

"응, 나 엄청 화났어. 내 건데 왜 마음대로 하는 거야."

"준이 장난감, 엄마가 마음대로 치운 건 미안해. 앞으로 준이 장난감 치울 땐 꼭 물어보고 치울까?"

"싫어, 내가 치울 거야!"

"그럼 준이 자기 전에 엄마가 장난감 치우라고 말하면 준이가 정리할 거야?"

"응. 내가 할 거야! 근데 만들어놓은 거 부서지는 거 싫을 땐 어떡해? 정리하면 다 부서지잖아."

2단계 : 되돌려주기

아이가 자기 마음을 말로 분명하게 표현할 수 있도록 도와줍니다.

○ "거실은 엄마, 아빠, 준이가 함께 쓰는 공간이고 놀이방은 준이 공간이잖아. 놀이방에 부서지지 않게 옮겨놓으면 어때?"

"좋아! 그러면 되겠다. 큰 거 옮길 땐 엄마가 도와줘야 해."

"그래, 알았어. 엄마가 약속할게. 이제 자기 전에 준이 장난감

정리하라고 말해줄게."

"응. 그럼 내가 치울 거야. 앞으로 엄마가 장난감 정리하라고 나한테 알려줘."

3단계 : 부모의 마음과 부탁을 표현하고 아이의 의견 확인하기
정확한 가이드라인을 제시합니다.

○ "그래. 오늘은 물어보지 않고 엄마 마음대로 치우느라 준이가 만들어놓은 장난감을 부숴서 미안해. 엄마 아빠가 거실을 사용해야 하는데 장난감이 있어 불편해서 엄마가 치웠던 거야."

"응."

"혹시 준이 더 하고 싶은 말 있어? 엄마한테 부탁하고 싶거나 다르게 하고 싶은 거 있음 말해볼래?"

"아니, 없어요."

"그래. 그럼 내일부턴 엄마가 꼭 말해주고 준이가 직접 치우자. 자, 이제 자러 가자."

화를 내는 사람에게는 자신만의 개인적인 논리가 작동합니다. 아이의 경우 '내 물건을 나에게 물어보지 않고 마음대로 만지는 건 부당한 일이야.'라는 논리가 작동했던 거지요. 입장을 바꿔 생각해보면 아이가 화가 난 이유가 이해가 됩니다. 저도 누가 내 물건을 마음대로 치워버린다면 화가 날 것 같았거든요.

아이가 감정적으로 흥분한 경우에는 이성적인 상황 설명보다는 아이의 마음과 아이의 생각을 짚어서 다뤄주는 것이 매우 중요합니다. 이것이 바로 계속해서 말하고 있는 '타당화'입니다.

그날 밤은 중요한 규칙 하나를 만든 날이기도 했습니다. 바로 장난감 정리에 대한 규칙이지요.

○ 장난감 정리할 때는 아이에게 요청하기

○ 정리는 아이가 직접 하기

○ 해체하기 싫은 장난감은 놀이방에 옮겨놓기

감정 소통 훈육은 문제 해결 능력을 높여준다

감정을 알아주는 감정 소통 훈육을 꾸준히 해온 결과, 아이의 마음을 조금만 어루만져줘도 스스로 감정을 진정시키고 다음부터는 어떻게 하면 좋을지에 대해서 생각하는 힘이 점점 커지고 있다는 걸 알게 됐습니다.

아이가 더 어렸을 때는 감정을 진정시키는 데 중점을 뒀지만, 지금은 감정이 진정된 후에는 어떻게 하면 좋을지에 대한 대화로 자연스럽게 이어집니다. 자신이 참여해서 만든 규칙은 아이가 더 잘 지키기 때문에 부모가 다음부터는 이렇게 저렇게 하는 거라고 정해주기보다는 아이와 함께 규칙을 만드는 것 또한 중요합니다. 단, "네가 직접 치우기로 약속했으니깐 얼른 너 혼자 다 치워!"라고 하지는 마세요. 규칙을 상기시켜주고, 아이가 할 수 있는 범위 내에서 아이의 역할을 제안해주면 됩니다.

"뭐부터 치우면 좋을까?(블록? 책상 위?)"

"준이는 블록을 여기 있는 통에 담고 엄마는 책상 위를 정리하면 어때?"

지시보다는 의견을 물으며 스스로 선택하도록 제안해보세요. 시간이 지나면 자신이 할 수 있는 것은 직접 하고 하기 힘든 것은 부모에게 도움을 요청합니다.

정리가 끝나면 칭찬하는 것도 꼭 기억해주세요! 아이의 행동으로 내가 어떤 영향을 받았는지를 표현해주세요. 정리하고 났을 때의 뿌듯함과 즐거움을 느끼고 기억할 수 있도록 말이에요.

사례 3. 아이와 감정적 대치 상황이 벌어질 때

아이가 어릴 때부터 영상을 제한했습니다. 만 세 살까지는 전혀 보여주지 않았고, 네 살부터 어린이집에 다녔는데 그곳에서 만화를 보여주어 그때부터 조금씩 보게 됐습니다. 여섯 살인 지금은 주말에 영상 2개를 보는 규칙이 있습니다.

얼마 전 친정아버지 생신이라 아이와 함께 친정에 갔습니다. 아이가 외삼촌 방으로 들어가 유튜브를 보여달라고 조르고 있기에 그날은 '3개만' 보는 걸로 제한했습니다.

영상을 보는 아이 옆에 있다가 깜빡 잠이 들었다 깼는데, 눈을 떠보니 아이가 아직도 영상을 보고 있었고 광고가 나오고 있더군요. 제 계산에는 세 번째 영상이 끝나고 광고가 나온다고 판단해 "이제 3개 다 봤지? 끈다." 하고 껐습니다.

아이는 울고불고 난리가 났습니다. 아직 3개가 아니라며 저를 천하의 나쁜 엄마로 몰아가더라고요. 아이는 3개 보기로 했는데 왜 끄느냐며 고래고래 소리를 질렀고, 저는 3개가 끝났기 때문에 끈 것이라며 아이와 대치 상황에 들어갔어요.

"어디서 엄마한테 그렇게 말하는 거야! 화가 난다고 지금처럼 소리 지르고 쿵쾅거리는 행동은 나쁜 거야! 잘못됐어!"

저는 아이의 행동이 나쁜 거라고 못을 박았고, 아이는 화가 가라앉기는커녕 엄마가 나쁘다며 더 방방 뛰더라고요. 서로 같은 말을 몇 차례 더 주고받았고 우리의 감정은 팽팽하게 대립했습니다.

순간 제가 제대로 하고 있는 것이 맞는지 의심도 들었고, 아이가 청소년이 되어서도 이런 식으로 화를 낸다면 그때는 정말 감당하기 힘들 텐데 어쩌지 하는 걱정과 불안한 마음도 들었습니다.

저도 3단계 방법대로 하려고 해도 뜻대로 되지 않는 상황이 있습니다. 아이의 감정을 알아주기보다는 아이의 행동을 지적하고 잘못됐다는 말이 무의식적으로 먼저 나올 때도 있고, 서로 감정적으로 치달아 아이와의 기 싸움에서 지지 않으려고 애쓸 때도 있습니다.

이미 상황은 벌어졌는데, 어떻게 수습하면 좋을까요?

아이와 감정적으로 대치 상황일 때는 서로의 감정이 진정될 때까지 기다려야 합니다. 그 뒤에 부모가 3단계 방법으로 아이와 대화를 시도하면 됩니다.

이날은 기특하게도 아이가 먼저 문제 해결책을 제안했답니다. 그동안 아이의 감정을 알아주고 원하는 것에 초점을 맞춰 가이드라인을 제시하는 건강한 감정 조절 방법을 만드는 3단계를 꾸준히 해온 결과, 아이 스스로 대안을 찾아 제시하는 놀라운 모습을 만날 수 있었습니다.

○ "엄마, 내가 생각해봤는데, 유튜브는 중간중간에 광고를 하더라. 다음에는 광고 끝나고 이전에 했던 걸 계속하는지 확인하고 끄는 게 어때? 그러면 되겠지?"

○ "그래, 엄마는 텔레비전 프로그램 끝나면 광고를 하잖아. 아까도 광고를 하기에 다 끝났다고 생각했어. 준이 말대로 앞으로는 조금 더 기다렸다가 확인해보면 되겠다. 아까는 엄마가 성급했던 것 같아. 미안해."

이렇게 문제 해결책을 가지고 먼저 대화를 시도하는 아이를 보니 제가 해온 방식에 더욱더 확신을 가질 수 있었습니다. 만약 이전 방식으로 화를 냈다면 알아차리는 그 순간 바로, 또는 시간이 조금 지났더라도 아이에게 미안하다고 말하는 것이 좋습니다. 그런 다음 3단계 방식으로 대화를 시도해보세요.

1단계 : 담아주기

아이의 귀를 열어주는 말을 먼저 합니다. 아이의 감정과 욕구를 알아주고 공감해줍니다.

아이가 느끼고 표현하는 감정을 일단 인정해주세요. 부모가 아이의 마음을 공감해주는 것은 아이의 입장에서 상황을 바라볼 수 있는 기회가 됩니다. 아이 마음을 좀 더 이해할 수 있는 계기가 되고, 아울러 아이가 어떤지 알기에 부모의 감정 또한 진정되는 효과가 있답니다.

화를 내는 사람에게는 자신만의 개인적인 논리가 작동한다는 걸 기억해주세요. 그리고 그 논리에 초점을 맞춰 아이 마음을 먼저 읽어주세요.

○ "엄마가 제대로 확인하지도 않고 3개를 다 봤다고 바로 꺼버려서 화가 많이 났구나."

→ O

○ "엄마는 네가 3개를 다 봤다고 생각해서 끈 거였어."

→ X. 자기 변론은 도움이 되지 않아요.

2단계 : 되돌려주기

아이의 마음을 말로 분명하게 표현할 수 있도록 도와줍니다.

아이가 화가 난 이유를 말로 표현하지 못하고 공격적인 행동을 하거나 우는 것으로 표현한다면, 그것을 말로 표현할 수 있도록 알려줍니다.

　○ "앞으로는 쿵쾅거리는 대신 화가 우주만큼 아주 많이 났다고 이야기하는 거야"

3단계 : 부모의 감정과 욕구를 표현하고 아이의 의견 확인하기

아이가 먼저 의견을 낼 수 있도록 물어보거나 엄마의 생각을 이야기해봅니다.

　○ 앞으로는 어떻게 하면 좋을까?
　○ 엄마가 어떤 방식으로 확인하면 좋을까?

부모의 의견만 말하면 일방적인 강요로 느껴질 수 있습니다. 아이가 동의하는지 확인이 필요합니다.

심리적 지지보다는
단호하게 아이를
훈육해야 할 때

이제 만 36개월이 지난 아이가 말도 안 되는 고집을 부리며 할머니를 때려 제가 다시는 그러지 말라고 아이를 야단쳤어요. 아이는 제 말을 듣기는커녕 보란 듯이 더 할머니를 때리며 반항했습니다.

다른 사람에게 폭력을 가하는 상황은 저지시켜야 하기에 저는 아이를 힘으로 잡아 앉혔습니다. 아이 뒤에서 아이를 끌어안고 앉아 움직이지 못하게 힘을 줬어요. 진정되기는커녕 아이가 온몸을 버둥거리며 제 품에서 벗어나려고 안간힘을 쓰는데, 순식간에 아이 몸에 땀이 흐르더군요. 울고 고함치며 잡고 있는 손을 놓으라고 난리가 났어요. 그러면서도 아이는 고집을 꺾지 않았어요. 급기야 아이는 "할머니, 살려주세요."라고 외쳤어요. 그러나 중도에 그만두는 훈육은 안 하느니만 못하다는 생각에 끝까지 아이를 붙들고 있었습니다.

힘이 센 어른 앞에서 아이는 결국 굴복하고 말더라고요. 더 이상 자신의 힘으로 제 품을 벗어날 수 없다고 판단되자 "잘못했어요. 다시는 안 그럴게요."라는 말을 했습니다.

이때다 싶어, "내 마음대로 안 된다고 다른 사람을 때리는 건 나쁜 거야. 잘못된 거야!"라고 못을 박았어요. 아이는 순순히 "네~."라고 하더라고요.

"그럼 이제 할머니한테 가서 죄송하다고 사과하는 거야~."

"네~."

아이의 대답을 듣고 손아귀의 힘을 풀자. "엄마 미워!" 하면서 할머니한테 쪼르르 달려가 안기더니 서럽게 울어요.

결국 저만 나쁜 사람이 된 것 같고, 뭔가 잘못한 것 같아 마음이 많이 찝찝하더라고요. 사실 TV 프로그램에서 전문가가 이렇게 하는 걸 보고 따라 한 건데, 실제로 해보니 제가 너무 모진 것 같아서 불편하더라고요.

하지만 아이가 화가 난다고 다른 사람을 때리는 건 잘못됐잖아요. 아직 말로만 해서는 통하지 않는 나이인데, 이럴 때는 어떻게 하면 좋을까요?

아직 분노를 표현하는 방법을 습득하지 못한 아이와 부모는 신경전을 여러 차례 치르게 됩니다. 아이는 자신이 하고 싶은 것을 못 하게 하는 할머니에게 화가 났고, 자신의 분노를 할머니를 때리는 폭력적인 방식으로 표현했습니다. 그 행동이 잘못됐다는 것을 가르쳐주기 위해 엄마는 훈육을 시도했고요.

심리적 지지보다는 현재의 안전 확보를 위해 단호하게 아이를 훈육해야 할 때도 있습니다. 이때는 감정적으로 아이를 야단치는 대신 단호하게 메시지를 전달할 수 있어야 합니다. 하지만 부모가 전달하고 싶은 말을 하기 위해서는 아이의 감정이 진정될 때까지 기다려줘야 합니다. 흥분된 상태에서는 아무 말도 들리지 않으니까요.

그렇다면 아이가 부모의 말을 잘 들을 수 있도록 감정적으로 안정될 때까지 기다려야 하는데, 어떻게 하면 마음에 찜찜함이 남지 않고 보다 안전한 방식으로 훈육할 수 있을까요?

아이의 감정을 안전하게 해소하는 방법

저도 아이가 서너 살일 때는 이런 순간이 몇 번 있었습니다. 한번은 저녁 식사 자리였어요. 아이는 먼저 저녁을 다 먹은 뒤 식탁에 같이 앉아 (물로 씻은 김치로 만든) 전을 먹고 있었습니다. 그런데 갑자기 아이가 맵다고 소리치더니, 물을 마시자는 제 말에 더욱 고함을 치며 난폭하게 행동했습니다. 자신의 분을 못 이기는 듯 젓가락을 이로 깨물기까지 해서 깜짝 놀랐지요. 그러지 말라는 아빠에게 고래고래 고함을 치고 아빠를 때리는 거친 행동도 했습니다.

얼른 아이를 안고 작은 방으로 들어갔습니다. 바닥에 두꺼운 매트가 깔려 있고 침대가 있는 방입니다. 아이는 여전히 분에 못 이겨 씩씩거리며 매트 위에서 데굴데굴 구르기도 하고 다리를 흔들어 매트를 차거나 방방 뛰었습니다. 아이는 자신의 분노를 온몸으로 표출했

155

습니다. 아이와 제가 위험해지는 행동은 하지 않았기에 저는 그 모습을 지켜보기만 하면서 단호한 목소리로 말했습니다.

"엄마 말 들을 준비가 되면, '엄마 말 들을 준비됐어요.'라고 얘기해."

저는 이 말을 서너 차례 반복했어요. 이때는 부모의 엄정함을 보여주는 순간이기도 합니다. 그러다 보니 부모 마음 한편에 불편함이 생기기도 합니다. 격한 감정에 휩싸여 우는 아이를 앞에 두고 지켜보기만 하려니 자신이 매정해 보이거든. 꿋꿋하게 훈육을 하더라도 아이 입에서 "할머니 살려주세요~.", "엄마 미워."라는 말이 나오는 것을 듣게 된다면, 자신의 훈육에 대한 확신이 없어지고 뭔가가 잘못되어 가고 있는 것은 아닌지 혼란스러워지기도 하지요. 그래서 훈육에도 부모의 철학이 필요합니다. 원칙과 기준이 필요합니다. 그 원칙과 기준이 없다면 일관성도 없고 융통성을 발휘하기도 힘듭니다.

그래도 엄격하게 선을 긋는 부모의 모습에 아이들은 결국 진정하게 됩니다. 그리고 상황을 벗어나기 위해서 맥락에 맞지 않는 말을 하기도 합니다. 보통 "물 마시고 싶어."라거나 "화장실 가고 싶어."라는 말을 하며 상황을 회피하려고 합니다. 이럴 때는 "엄마 말 들을 준비가 되면 '엄마 말 들을 준비됐어요.'라고 얘기해."라고만 말해줍니다.

"엄마 말 들을 준비됐어요."

제 아이도 자신이 감당하지 못할 크기의 분노를 다 표출하고 나서야 결국 진정되었고, 엄마 말을 들을 준비가 됐다는 신호를 보내왔습니다.

부모가 하고 싶은 말을 전달할 때 기억해야 할 것

이제 부모가 전달하고 싶은 메시지를 말할 타이밍입니다. 저는 아이와 눈을 맞추고 제가 하고 싶은 말을 짧고 간결하게 전했습니다.

"원하는 대로 되지 않아서 화가 나고 답답한 거 알아. 답답하고 화가 난다고 엄마나 다른 사람한테 소리 지르고 때리면 안 돼."

아이는 고개를 끄덕이며 알겠다고 대답했고, 저는 하지 말아야 할 행동을 하고 싶을 때 앞으로는 어떻게 하면 좋을지 아이와 함께 구체적으로 대안을 의논했습니다.

훈육을 하면 대개 "화난다고 다른 사람한테 소리 지르거나 때리면 안 돼!", "싸우지 말라고 했지." 등등 아이의 잘못된 행동에 대한 지적이 이어지죠. 훈육 시 "~ 하면 안 돼."라는 말로 아이의 행동을 지적하고 혼내는 것에 그치는 경우가 많습니다. 결국 "다시는 그러지 마!"라는 말만 전달하고 끝나버립니다.

훈육을 하는 이유는 아이의 잘못된 행동에 대해 체벌하는 것이 목적이 아니라, 아이가 좀 더 건강하고 성숙한 방법으로 갈등을 해결할 수 있도록 가르치기 위해서라는 것을 기억하세요.

예를 들어, 아이가 생활하다 보면 동생과 싸우고 싶은 순간도 생기고, 화가 나서 고래고래 소리치고 누군가를 때리고 싶은 마음이 들 때도 있습니다. 이런 순간들이 있다는 것을 인정해주세요. 그리고 그럴 때 어떻게 하면 좋을지를 의논하거나 알려주세요.

아이가 잘못된 행동인 줄 알면서도 반복하는 진짜 이유 중 하나가 바로 그 잘못된 행동 대신 어떻게 해야 할지를 모르기 때문이라는 것을 잊지 마세요. 앞으로 어떻게 행동하거나 어떤 방식으로 도움을 요청하면 좋을지, 아이와 함께 대안을 만들어주세요.

○ "앞으로 또 화가 나서 너무 답답할 때는 어떻게 하면 좋을까?"

"몰라."

"화가 나고 너무 답답해서 막 소리를 지르고 싶거나 때리고 싶을 때는 이 방에 와서 '화가 나.'라고 말하거나 여기 이 베개를 이렇게 치면 어떨까?"

"으응. 싫어."

"그럼 어떻게 하고 싶어?"

"깔깔(깔깔 소리가 나는 베개 애칭) 베개 만질래."

"그래, 깔깔 베개 만지자. 화가 나서 많이 답답하다고 오늘처럼 아빠한테 소리 지르거나 때리면 안 돼. 이 방에 와서 깔깔 베개 만지거나 화가 난다고 말하는 거야."

"응."

아직 사회화가 덜된 어린아이의 격렬한 분노는 시간이 지나면 금방 진정됩니다. 잠시만 기다려주면 됩니다.

서른일곱 살에 뇌졸중으로 쓰러졌던 뇌 과학자 질 볼트 테일러는 자신의 뇌를 회복하는 과정을 책으로 펴내 국제적으로 큰 관심을 끌었습니다. 그는 분노를 불러일으키는 생화학물질이 우리 몸에서 효과를 발휘하는 시간은 단 90초라고 말했습니다. 다시 말하면 90초만 지나면 분노가 진정되기 시작한다는 것입니다.

다만 그 순간을 허용할 수 있으려면 부모 또한 감정 조절 기술이 필요합니다. 부모 자신의 감정이 조절되지 않으면 아이가 울고불고 반항하는 모습에 감정적 폭발이 일어날 수 있거든요. 처음에는 '가르치는 훈육'으로 시작했지만 자신도 모르게 때려서라도 버릇을 고쳐놓겠다는 마음으로 순식간에 바뀔 수도 있으니까요. 아이의 부정적인 감정을 지켜보는 게 너무 힘들다면, 이 또한 부모 자신의 마음부터 살피고 돌봐야 한다는 신호임을 알아주세요.

고집 피우며 우는 아이, 울음을 그칠 때까지 혼자 둬도 될까요?

달래주지 않으면 1시간은 거뜬히 우는 아이들이 있습니다. 부모는 아이가 고집을 피우는 모습에 더더욱 화가 나서 아이 스스로 울음을 그칠 때까지 다른 방에서 시간을 보내거나, 아이를 방에 혼자 들여보낸 다음 문을 닫아버리는 경우도 있지요. 이때는 공간이 분리되더라도 아이와 연결되어 있다는 것을 꼭 말해주세요.

"엄마 말 들을 준비가 되면, '엄마 말 들을 준비됐어요.'라고 얘기해. 엄마는 작은 방에서 기다리고 있을게."라고 말해주는 거예요.

부모가(엄마가) 언제나 아이 곁에 있다는 것을 알려주세요. 그리고 아이가 진정되어 부모에게 오면 앞에서 배운 감정 조절 3단계를 시작하면 됩니다.

좋게 말했는데도
아이가 말을 듣지 않을 때 VS
아이가 말을 들어주었을 때의
현명한 대응법

비가 와서 아이에게 비옷과 장화를 신겨 같이 걸어가던 중이었어요. 아이가 자꾸 물웅덩이를 밟고 지나가기에 좋게 이야기했어요.

"물웅덩이 밟지 말고 이쪽으로 가자."

아이의 행동을 비난하고 혼내는 것이 아니라 제가 원하는 것에 초점을 맞춰 잘 이야기했어요. 그렇게 여러 번 말했는데도 아이가 계속 물웅덩이를 첨벙거리며 지나가더라고요. 저는 참다못해 "그러지 말라고 했지?"라고 소리를 질렀어요. 이럴 때는 어떻게 해야 하나요? 계속 참고 넘어가야 하나요?

원하는 것에 초점을 맞춰 좋게 말했다고 해서 아이가 무조건 부모 말을 들어주는 것은 아닙니다. 부모가 원하는 것과 아이가 원하는 것이 일치한다면 문제될 것이 없지만, 부모는 원하지만 아이가 원하지 않거나, 반대로 아이가 원하지만 부모가 원하지 않는 경우가 있습니다. 서로 원하는 것이 다를 때, 부모의 욕구에만 초점을 맞춰 아이의 행동을 요구한다면 이것은 일방적인 강요일 뿐입니다. 부모가 원하는 것을 따르라고 강요하기만 한다면, 아이는 자신을 표현하는 방법을 제대로 배우기 힘듭니다. 눈치 보는 아이가 됩니다. 일방적인 약속도 마찬가지입니다. 자발적 선택으로 자신의 행동을 결정하지 않는다면 그것은 단편적인 변화에 불과합니다. 부모가 보고 있을 때만 부모가 원하는 대로 행동할 뿐, 부모가 보지 않는 곳에서까지의 진정한 변화는 결코 일어날 수 없답니다. 그러니 아이의 동의하에 규칙을 정해야 합니다.

아이에게 내가 원하는 것을 요구할 때 기억해야 할 것

첫째, 내가 원하는 것을 아이가 반드시 해야 할 의무는 없다는 것을 기억해주세요. 내가 원한다는 것이 아이가 그것을 해야만 하는 이유는 될 수 없습니다.

둘째, 내가 원하는 것을 할 수 없는, 하기 어려운, 아이의 환경이나 욕구를 알아보세요.

셋째, 아이의 욕구와 나의 욕구가 부딪힌다면 서로가 받아들일 수 있는 범위 내에서 조율이 필요합니다. 서로의 욕구에 대한 부가적인 정보를 나눔으로써 다른 한쪽의 욕구가 지연되거나 없어지기도 합니다.

넷째. 원하는 대로 되었다면 이에 대한 고마움을 표현하세요.

위 사례에서는 아이의 감정 조절 방법 만들기 3단계(132쪽 참고) 중 마지막 단계인 부모의 부탁만 담겨 있습니다. 아이는 부모의 요구가 정당하다고 생각하지 않았습니다. 왜냐하면 아이는 장화를 신고 웅덩이에 고인 물에서 첨벙첨벙 걷고 싶거든요. 아이들은 비가 오면 옷이나 신발이 물에 젖는 것은 상관하지 않고 물웅덩이를 세차게 첨벙거리며 노는 것을 재밌어합니다. 아이의 가치 체계에서는 자연스러운 일이지요.

이처럼 아이가 가진 욕구(재미, 즐거움)를 알아주지 않고 엄마가 원하는 것만 일방적으로 요구하면 아이의 귀에 들어가지 않습니다. 아이의 욕구를 충족시킬 수 있는 안전한 상황을 마련해주거나, 엄마가 요구한 사항이 왜 중요한지 아이를 설득하는 과정을 거쳐야 합니다. 그리고 혹시 내가 번거롭거나 번거로운 일이 생길 것 같아서 아이의 행동을 통제하는 것은 아닌지도 돌아봐야 합니다.

"첨벙첨벙하는 게 재미있니?"

"응. 엄청 재미있어요."

"그래, 재밌구나. 그런데 지금은 우리가 유치원에 가는 길이라서 옷이 젖을까 봐 신경 쓰이고 걱정도 돼. 하루 종일 축축한 옷을 입고 있으면 감기에 걸릴 수도 있잖아. 돌아오는 길에 하면 어떨까?"

이런 식으로 아이의 욕구를 알아주고 해결책을 제안할 수 있습니다. '지금 당장 여기서'가 아니라도 자신의 욕구를 충족시킬 수 있다는 것을 그간의 경험으로 알고 있다면, 아이는 자신의 마음을 알고 있는 엄마의 말을 수용할 가능성이 높습니다.

반면 아이가 '지금 당장'을 고집한다면, 좀 더 안전한 방식으로 충족할 방안을 찾아보거나 그동안 아이와 한 '나중에 ~ 하자.'는 약속을 잘 지켰는지 돌이켜볼 필요가 있습니다. 번번이 말뿐인 약속으로 끝나버린 경험을 자주 했다면, 아이는 지금이 아니면 하지 못한다는 것을 반복된 경험으로 터득했기 때문에 '지금 여기서'를 고집하게 됩니다.

부모 말을 들어주었을 때 기억해야 할 것

아이가 부모의 요청을 들어주었을 때는 고마움을 표현하세요. 아이의 내적 동기를 강화시켜주는 칭찬 방법입니다.

칭찬. 잘못하면 독이 된다고도 하지요. 아이의 내적 동기를 강화하는 칭찬은 어떻게 해야 할까요? 이때도 부모가 자신의 욕구를 알고 아이의 욕구를 알면 적절한 말을 선택할 수 있답니다!(제가 늘 강조하는 감정, 욕구와 친해지셔야 해요.)

부모가 어떤 욕구가 충족되었는지, 그래서 어떤 감사함이 생겼는지를 아이에게 구체적으로 표현하면, 아이는 자신이 다른 사람에게 공헌했고 좋은 영향을 끼쳤다는 기분 좋은 경험을 하게 됩니다. 자기 긍정감이 높아집니다.

엄마는 네 살 아이와 함께 자신의 친구 집에 가려고 길을 나섰습니다. 근처에서 케이크를 하나 사 가려고 빵집에 들어갔어요. 프랜차이즈 빵집의 케이크 전시 케이스에는 꼭 어린아이 눈높이에 맞춘 위치에 만화영화 캐릭터가 하나 더 있다는 이유만으로 가격이 엄청 비싼 케이크들이 놓여 있었습니다.

아이 "나, 뽀로로 케이크 살 거야. 뽀로로 케이크."

엄마 "오늘은 엄마 친구 이모 집에 가는 거야. 이모 생일이니까 이모가 좋아하는 케이크로 살 거야."

아이 "싫어. 나는 뽀로로 케이크 먹을 거야."

엄마 "오늘은 이모 생일이야. 이모가 좋아하는 것으로 고를 거야. 대신 너는 저기 빵 중에서 먹고 싶은 거 하나 골라봐."

아이 (묵묵부답. 토라짐) "싫어~."

우유 케이크 하나를 골라 포장해서 나오는데 아이는 여전히 토라져서 엄마가 말을 걸어도 심드렁하고 삐친 티가 역력합니다. 그래도 울고불고 떼쓰거나 소리 지르며 화를 내지는 않아 원하는 케이크를 살 수 있었습니다.

엄마 "오늘 이모 생일이라고 이모가 좋아하는 케이크 살 수 있도록 양보해줘서 고마워."

이 한마디에 아이는 갑자기 태도 변화를 보였어요. 자신의 행동에 으쓱해진 것입니다. 자신이 누군가에게 좋은 일을 했다는 느낌에 아이는 표정이 밝아졌습니다.

아이들은 자신이 다른 사람에게 기여했다는 것을 알면 뿌듯해하며 스스로를 자랑스럽게 여깁니다. 감사 표현은 아이의 행동에 대한 보상을 제공하는 칭찬과는 다른 효과를 발휘합니다.

아이의 행동에 대한 구체적인 언급 없이 "아이 착해라, 잘했어, 최고야."라고 아이의 행동을 치켜세우면 아이는 그 보상에 의해 자신의 행동을 강화하게 됩니다. 자신의 행동에 칭찬이 따라오지 않으면 그 행동을 할 동기를 잃어버릴 수도 있습니다 .

저는 아이가 무언가를 잘했다고 외적인 보상(선물)을 해주는 걸 지양합니다. 물론 적절하게 사용하면 득이 됩니다. 하지만 자주 사용하다 보면, 아이는 당연히 해야 하는 일임에도 스스로 움직이려 하지 않고, 나중에는 먼저 조건을 걸어 제시합니다.

"나 이거 하면 뭐 해줄 거야?"

한마디로 어처구니없는 상황이 발생합니다. 하지만 아이가 그런 패턴에 익숙해졌다면 그건 아이만의 잘못은 아닙니다. 내적 동기가 강화되어야 외적인 보상(이렇게 하면 젤리/초콜릿/비타민 줄게~)이 없어도 스스로 선택해 움직일 수 있는 힘을 기를 수 있습니다.

아이가 잘하고 있는 순간을 포착해서 알아주기

감사는 아이의 행동을 통해 내가 어떤 영향을 어떻게 받았는지에 대해 전하는 것입니다. 가정에서 가족 간 감사를 잘 주고받을 수 있다면 좀 더 풍요롭고 따뜻함 속에서 살아갈 수 있습니다. 당연하고 사소하다고 생각한 것들에도 아이의 행동을 인정해주세요. 꼭 고맙다는 말이 들어가지 않아도 됩니다.

예를 들어, 마트에서 뛰다가 혼난 적이 있다면 천천히 걸어가는 그 순간 바로 알아봐주세요. "네가 천천히 걸어가는 거 보니까 다른 사람들이랑 부딪치지 않을 것 같아서 안심이 되고 이렇게 너랑 손잡고 걸을 수 있어서 좋다."라고요.

아이들은 누군가에게 자신이 긍정적인 영향을 끼친다는 걸 알면 뿌듯해지거든요. 어깨가 으쓱해집니다.

밥 먹자고 여러 차례 불러도 한 번에 식탁으로 오지 않아 혼낸 적이 있다면 반대의 경우 (꼭 식사 시간이 아니더라도) 일부러 과장되게 칭찬해주세요.

"와, 엄마가 부르니까 한 번에 들어주네! OO가 엄마를 존중해주는 것 같아 기분이 좋아. 고마워."

일상에서 찾아보면 아이가 잘하고 있는 것들이 더 많습니다. 하지만 이런 상황은 대개 그냥 넘어갑니다. 당연하다고 생각해서지요.

세상에 당연한 건 없습니다. 칭찬해주세요! 그러면 아이는 부모가 원하는 게 무엇인지 더 명확하게 이해합니다. 편안한 상태에서 칭찬까지 받으니 그 행동을 강화하려는 동기도 생기고요.

아이의 욕구와 나의 욕구를 알고 있으면 서로의 관계에 도움이 되는 말과 행동을 선택할 수 있고, 그 욕구를 바탕으로 아이의 마음을 인정해주고 나에게 미친 긍정적인 영향에 대해 고마움을 표현할 수 있습니다.

CHECK!

"아이에게 좋게 말한다."라는 건 무엇을 의미하나요?

1. **소리 지르지 않고** 내가 원하는 행동을 아이에게 요구하는 것?
2. **화내지 않고** 내가 원하는 행동을 아이에게 요구하는 것?
3. **예쁜 말로** 내가 원하는 행동을 아이에게 요구하는 것?
4. **웃으면서** 내가 원하는 행동을 아이에게 요구하는 것?

거칠게 표현하지는 않지만 아이에게 일방적인 요구를 하고 있다면, 그것 역시 폭력입니다.

훈육 시 아이에게
절대 해서는 안 되는 말 &
아이가 듣기 힘든 말을 할 때
뒷수습하는 방법

남편과 아이를 두고 외출한 주말 오후, 집에 돌아가는 길에 남편에게 전화를 걸어 아이와 어떻게 보냈느냐고 물었습니다.

"준이가 자기 분에 못 이겨서 소리치고 울다가 토했어."

"토했다고? 왜? 무슨 일이 있었는데?"

"자기가 치즈 먹는 거 보라는데 그때 내가 뭘 하고 있었거든. 내가 계속 안 보니깐 먹던 치즈를 바닥에 던지고는 다시 냉장고에서 새 치즈를 꺼내 오는 거야. 그래서 먹던 거 먼저 먹고 새 치즈를 뜯으라고 했더니 '아빠~가! 아빠 미워!'라며 씩씩거리잖아."

"그래서?"

"뭐 그래서야. '그럼 준이 너 혼자 있어. 아빠 나갈 거야.'라고 했지. 그러니깐 날 붙잡고 가지 말라고 울다가 자기 분에 못 이겨 난리치더니 급기야 토하더라고."

"그래서 어떻게 했는데?"

"그냥 놔두니 잘못했다고 하던데? 사과 받고 잘 끝났으니깐 걱정하지 마."

그때 아이가 전화기에 대고 다급한 목소리로 말했어요.

"엄마~ 얼른 와서 아빠 혼내주세요! 아빠 화낸 거 혼내주세요."

아이를 겁주는 방식으로는 아이의 진정한 변화를 기대할 수 없다

훈육 시 아이에게 이 말만은 절대로 해서는 안 됩니다.

"너 혼자 두고 가버릴 거야."

아이는 부모에게 100% 의지해야만 생존할 수 있습니다. 아이도 자신을 돌봐주는 부모와 떨어지면 생존 자체가 위협받는다는 걸 본 능적으로 알고 있습니다. 그래서 "너 혼자 두고 간다."라는 메시지를 담은 말은 아이에게 매우 강한 불안감과 두려움을 주게 됩니다.

정서적으로 극도의 불안과 두려움이 몰아치는 말을 들은 아이는 자신이 감당할 수 있는 감정의 통제점을 넘어섰기 때문에 토할 정도 로 소리치며 격분하다 결국 아빠에게 사과를 한 것이죠. 스스로 살 기 위한 몸부림인 것입니다. 그런데 우리는 아이가 말을 듣게 하기 위해서 이런 점을 이용하기도 합니다. "너 두고 간다."라는 말에 처 음에는 방방 뛰며 격렬하게 저항하다 결국엔 부모의 말을 수용하기 때문이죠.

하지만 이처럼 정서적으로 극도의 불안감을 조성해 아이가 내 말을 따르도록 하는 것은 절대 삼가야 합니다. 공포와 두려움을 앞세운 훈육은 부모가 아이에게 가르치고 싶은 어떤 행동 이면의 가치를 내면화시키기 어렵습니다. 아이를 상처 주는 방식으로는 진정한 변화를 유도할 수 없습니다.

"준이가 먼저 '아빠 가.'라고 해서 '그럼 너 혼자 있어. 아빠 갈 거야.'라고 한 거야."

남편도 할 말이 있었습니다.

물론 부모들도 나름의 이유가 있습니다. 부모도 사람인지라 아이가 무턱대고 화를 내면 부모도 화가 나 감정적으로 표현하는 경우도 있습니다.

어떻게 하면 다르게 반응할 수 있을까요?

아이가 느끼는 감정이 강할수록 부모가 듣기 힘든 말을 한다

부모가 듣기 힘든 말일수록 아이가 느끼는 감정이 강하다고 이해하면 됩니다. 아이의 부정적인 언어를 곧이곧대로 해석하는 것이 아니라, 화가 난 강도의 기준으로만 이해하면 됩니다. 아이가 말한 단어 하나하나의 의미를 그대로 해석해서 받아들이지 말고, 지금 아이의 감정의 강도가 '그만큼'이라는 걸 알아주세요.

아이가 이런 말을 할 때가 있습니다.

"아빠 가~."

"엄마 싫어~."

"엄마 용서 안 할 거야!"

듣는 부모 입장에서는 속도 상하고 슬프기도 하지요. 내가 사랑을 덜 줬나, 뭘 잘못했나 하는 자책이 들기도 하고요. 급기야 감정적으로 마음이 상해 아이의 말을 곧이곧대로 해석해 반응하는 경우도 많습니다.

"네가 가라고 했으니까 너 두고 혼자 산다. 잘 있어."

"그럼 앞으로 너 혼자 잘해봐."

"어른한테 버릇없이!"

"어디서 성질이야. 엄마가 네 친구야?"

어린아이들도 때때로 자신을 압도할 만큼 강한 감정을 경험하곤 합니다. 그런데 그것을 어떻게 다뤄야 할지 방법을 잘 몰라서 그 불편함을 털어내고자 강한 말로 표현합니다. 자신이 화가 아주 많이 났음을 강조하기 위해서 자신이 알고 있는 센 표현들을 내뱉게 되는 것이지요.

어른들이 화가 나면 상대를 비난하는 말을 많이 하게 되는 것과 같은 이치입니다. 특히 센 표현을 내뱉어야 꼭 직성이 풀리고 뭔가 시원해지는 느낌이 드는 경우도 많습니다. 아이의 독한 말도 같은 맥락에서 '내가 지금 얼마나 어마무시하게 화가 났는지 엄마(아빠)한테 알려주는 거야.'라는 신호로 해석하면 됩니다.

한번 뱉은 말은 주워 담지 못하기에 다른 사람에게 상처가 되거나 후회할 말들은 처음부터 하지 않는 게 정답이지만, 화가 났을 때 우리는 종종 이성적이고 합리적인 선택을 하는 데 어려움을 겪곤 합니다. 아이도 마찬가지입니다. 하지만 미성숙한 아이의 현재 상태를 반영해 아이의 감정을 공감하고 이해하더라도 행동에는 한계를 지어줘야 합니다. 부모는 아이의 감정을 아이가 감당할 수 있는 크기로 바꾸어 되돌려줄 수 있어야 합니다. 앞으로는 어떻게 표현하고 다룰지에 대해서 알려주어야 합니다.

아이가 듣기 힘든 말을 했을 때 뒷수습하는 방법

첫째, 아이의 표현이 강할수록 지금 아이가 화가 아주 많이 났다는 것임을 알아주세요.

둘째, 아이가 화가 난 상태에서는 어떤 말로도 설득할 수 없음을 기억해주세요. 기다려야 할 때가 있습니다.

셋째, 아이의 화가 진정된 후 내 마음을 표현합니다.

아이의 말을 들었을 때 내 마음이 어땠는지에 대해서 표현하는 것입니다. 아이를 비난하는 방식이 아니라 "네가 OO라고 한 말을 들었을 때, 엄마는 너무 슬펐어. 속상했어."라고 자신의 마음이 어땠는지를 알려줍니다.

넷째, 화가 났을 때 어떻게 말로 표현하는지 알려줍니다.

"아까 네가 아주 많이 화가 났었지. 엄마도 알아. 그럴 땐 '우주만큼 많이 화났어.'라고 말해주면 엄마도 네가 아주 많이 화가 났다는 걸 알 수 있어."

많은 부모가 마음에 들지 않는 아이의 말과 행동을 모호하게 지적하곤 합니다. 예를 들면, "엄마는 네가 밉게 말할 때마다 너무 상처받아서 너와 대화하기가 싫어져."라거나, "아빠가 예쁘게 말하라고 몇 번이나 말했어!"처럼 말하지요.

어떤 말을 어떻게 다르게 표현해야 하는지 구체적으로 알려주세요. '미운 말', '밉게' 혹은 '예쁘게'라는 표현은 모호합니다. 아이가 화나서 미운 말을 하고 싶은 마음이 들 때(그런 마음은 누구나 가질 수 있습니다), 어떤 말로 다르게 표현할 수 있는지 구체적으로 알려주세요.

다섯째, 화가 났을 때 심호흡 등 아이가 할 수 있는 방법 하나를 알려줍니다.

"천천히 숨을 들이쉬었다가 내쉬는 거야. 이렇게. 같이 해보자."

바로 적용되긴 어렵지만 반복의 효과는 생각보다 크답니다.

아이가 부정적인 감정을 보이면, 아이의 말과 행동에 자극받아 부모가 화부터 내기 쉽습니다. 그러나 아이의 감정과 욕구를 보는 힘이 있으면 화가 이전만큼 나지 않습니다. 물론 부모가 자신의 감정과 욕구를 볼 수 있는 힘이 있으면 아이 것도 찾기 쉬워진답니다. 아이든 부모든 화가 나는 데는 다 이유가 있음을 기억하세요!

아이가 한 말 자체를 가지고 따지지 마세요.

아이가 듣기 힘든 말을 하면, 깜짝 놀란 마음에 아이 말의 속뜻을 확인하고 싶어
구체적인 질문을 할 때도 있습니다.

아이는 화가 많이 나면 무슨 뜻인지도 모르면서 무서운 말을 내뱉는 경우가 있습
니다. 이때는 아이의 말을 따지거나 바로잡기 위해 질문으로 반응하는 것이 아니
라, 잘못된 행동에 대해서만 바로 지침을 주는 것이 좋습니다. 아이의 말에 일일
이 속뜻을 캐내기 위해 반응하지 마세요.

"그런 무서운 말 어디서 배웠어?"

"엄마가 정말 없어졌으면 좋겠어?"

라는 말 대신에 이렇게 말해주세요.

" _____ 해서 화가 났구나. 그럴 때는 ' _____ 해서 짜증나고 화가 나요.'라고
말하는 거야."

어린이집에 가기 싫다고
힘들어하는 아이를
지지하고 위로하는 방법

막상 어린이집에 들어가면 잘 노는 것 같은데, 아침에 엄마와 떨어지는 순간에는 가지 말라고 붙들고 엄마랑 있겠다며 세상에서 가장 서러운 눈물을 흘려요.

마음이 너무 짠한데 계속 그 자리에 있으면 울음이 더 심해지니 도망치듯 어린이집을 나오고, 그러면 하루 종일 마음이 불편해요. 아이가 혹시 분리 불안일까 봐 걱정도 되고요.

어린이집 등원 문제는 아이를 키우는 부모들의 큰 걱정거리 중 하나입니다. 아이의 기질이나 성향에 따라 새로운 환경에 적응하는 시간이 다르다는 걸 알지만, 이를 지켜보는 부모는 걱정과 불안에 초조해지고 빨리 문제를 해결하고픈 마음에 조급해지기 쉽습니다.

첫 등원이거나 어린이집(유치원)이 바뀌는 등 환경이 달라지는 경우 아이들이 적응할 시간이 필요합니다. 아이의 성향에 따라 그 시간이 짧기도 하고 길기도 합니다. 하지만 기본적으로, 아이 입장에서는 집이라는 안전하고 편안한 공간을 떠나 혼자서 어린이집(유치원)이라는 공간으로 들어가는 자체가 큰 용기와 힘이 필요합니다. 먼저 이 부분을 인정해주세요.

첫째, 새로운 환경에 적응하기 위해 애쓰고 있음을 알아주세요.

아이가 다섯 살이 되어 새로운 어린이집에 등원한 첫날이었습니다. 어린이집 차량을 타고 씩씩하게 잘 갔다는 말을 전해 듣고 퇴근 후 어땠느냐고 물어보니, 아이는 "울고 싶었는데, 울지 않고 참았어요."라고 대답했습니다. 저는 "그래, 울고 싶었는데 울지 않고 참았구나."라고 아이의 말을 반영해주며 등을 토닥여주었어요. "잘했구나, 멋있어."라는 말은 하지 않았습니다.

아이가 울지 않았다니 안심이 되어 좋았지만 아이 입장에서는 그 낯선 곳이 얼마나 힘들었을까요? 시간이 지나면 적응할 테지만 아이가 울지 않으려고 애썼던 마음이 짠하게 느껴졌고, 낯선 것에 대한 불편함을 아이 스스로 이겨내야 하는 그 시간들을 생각하니 안쓰러웠습니다.

"괜찮아, 울지 마.", "어린이집에 가면 친구도 많고 장난감도 많으니 좋잖아?"라고 아이를 위로하지 마세요. 초등학교, 중학교, 고등

학교 때 새 학년 새 학기를 맞이했던 날들을 떠올려보세요. 누구나 학년이 바뀌고 반이 바뀔 때마다 긴장했던 경험이 있을 겁니다. 친한 친구나 아는 친구가 있으면 안심되었지만 그렇지 않을 경우 한동안 낯선 환경에 적응하기 위해 긴장감 속에서 애썼던 지난날의 우리 모습을 기억해보세요. 아이도 마찬가지예요. 낯설고 어색하고 그래서 또 불편한 곳에 혼자 가려면 얼마나 힘들까요.

아이에게 뭔가를 해주고 싶은 마음에 아이를 격려하는 좋은 말들을 하고 싶겠지만 있는 그대로 아이의 마음을 읽어주는 게 오히려 더 도움이 됩니다. 정말 힘들 때는 누군가가 해주는 격려가 오히려 상처가 될 때도 있거든요. 저 또한 취업 준비로 힘들 때, "넌 열심히 했으니깐 잘될 거야."라는 말이 위로가 되기는커녕 더 화가 났어요. 좋은 의도에서 하는 말이란 건 알지만 힘든 시간을 견디고 있던 저로서는 그런 말이 오히려 부담이 되어 차라리 모른 척해주길 원했거든요.

뭐든지 그 상황에 나를 대입해서 생각해보면 상대(아이)의 마음을 유추해보기가 좀 더 쉽습니다. 그러면 겉으로 보이는, 가기 싫다고 우는 행동은 어쩌면 똑같을 수 있지만 아이와의 실랑이 속에서 소모되는 부모의 감정 에너지는 분명 달라집니다.

아이는 편안한 공간인 집을 벗어나 혼자서 어린이집에 가는 게 낯설고 불편해서 마음이 힘든데, 거기 가면 친구도 있고 재밌는 것도 많으니 좋다고만 하면 그 말이 귀에 들어오지 않습니다. 그러니 "울지 마."라는 말 대신 힘들면 울어도 된다고 말해주세요.

"아는 친구도 없고 선생님도 낯설어서 편하지가 않지. 낯설어서 불편하고 긴장도 될 거야."

"아는 친구도 있고 선생님도 익숙하면 네가 더 편안하게 갈 수 있을 텐데. 네가 힘들면 울어도 돼. 그래야 선생님도 네가 힘든 걸 알고 도와줄 수 있거든. 참지 말고 힘들면 울어도 괜찮아."

이렇게 말해주세요. 아이의 감정을 알아주고 인정해주면 아이가 크게 떼쓰며 우는 행동이 잦아듭니다. 그런 다음 하고 싶은 표현을 하면 됩니다.

"오늘 가고 내일 가고, 시간이 지나면 좀 더 편안해져. 준이가 힘든 거 말해주면 엄마도 도와주고 선생님도 도와줄 거야."

오늘도 애썼음을 인정해주고 지지해주는 말도 잊지 마시고요.

"오늘도 어린이집에 갔다 오느라고 애 많이 썼어. 잘 갔다 와줘서 고마워."

둘째, 어떤 점이 불편하고 힘든지를 적극적으로 알아봅니다.

마냥 "괜찮아.", "장난감도 많고 친구들과 놀 수 있으니 재밌잖아."라는 말로 위로하기보다 아이가 힘들어하는 부분에 대해서 구체적으로 알아보세요. 단순히 아침에 부모와 떨어질 때 울고불고하는 데만 초점을 맞추는 것이 아니라, 무엇 때문에 불안해하고 힘들어하고 있는지를 살펴보는 것이 중요합니다.

아이와 의사소통이 어렵다면 선생님과의 적극적인 소통이 필요합니다. 제 아이는 초반에 어린이집에 앉아 있어야 하는 게 힘들다며 여러 번 이야기했습니다.

"엄마, 나 앉아 있는 게 너무 힘들어. 서 있어도 되는 어린이집으로 바꿔주세요."

"그래. 앉아 있는 게 힘들구나. 좀 서 있으면 괜찮은 거야?"

"응, 나 서 있고 싶어."

어린이집에서 선생님이 "이제 이리 모여 앉으세요."라고 하면 아이는 그 말에 따라 잘 움직였지만 제 딴엔 스트레스가 많았던 모양입니다. 다섯 살 남자아이니 가만히 앉아 있으려면 몸이 뒤틀리는 게 어찌 보면 정상이지요. 건강하다는 신호고요.

"준아, '앉아 있는 게 힘들어서 서 있고 싶어요.'라고 이야기하면 선생님도 준이 말을 들어주실 거야. 엄마도 선생님한테 준이가 어떤 점이 불편한지, 그리고 서 있고 싶을 때가 있다고 이야기할게. 준이도 앉아 있는 게 엄청 힘들 때는 선생님한테 '저 서 있고 싶어요.'라고 이야기해보는 거야. 어때?"

이렇듯 새로운 어린이집에 적응하는 동안에는 아이는 물론 선생님과도 적극적으로 소통하세요. 아이가 대안을 얘기할 수 있으면 좋지만, 그렇지 않다면 부모가 대안을 찾아 물어봐주고, 아이가 어린이집에서 불편해하는 상황들을 하나씩 해결해나가야 합니다.

셋째, 어린이집에 가기 싫은 아이의 마음을 인정해주세요.

어린이집 적응 한 달 차인 어느 아침, 아이가 눈을 뜨자마자 출근 준비 중인 제게 와서는 짜증 섞인 목소리로 물었습니다.

"엄마, 왜 아침마다 어린이집은 가기가 싫지?"

이제 아침마다 가긴 가야 한다는 걸 아는데, 아침에 눈뜨면 가기 싫은 마음으로 가득하니 아이도 이런 상황에 짜증이 났던가 봅니다. 저는 아이를 품에 안고 아이의 마음을 인정해주었어요.

"그래, 아침마다 일어나서 어린이집 가야 한다니 싫구나? 엄마도 아침마다 출근해야 하는 게 싫을 때가 있어서 그 마음 이해해."

어느 날은 외출한 길에 느닷없이 또 물었습니다.

"엄마, 왜 어린이집에 다녀야 하는지 얘기 좀 해봐요."

잠자리에 들면서 뜬금없이 묻기도 했습니다.

"아빠, 어린이집에 왜 가야 하는지 얘기 좀 해봐요."

아이는 자신이 납득할 수 있는 이유를 끊임없이 찾고 있었습니다.

그렇다고 부모가 생각하는 이유를 알려줄 필요는 없습니다. 스스로 수용할 수 있는 이유가 필요한데 거기다 대고 "친구도 사귀고 너 공부도 할 수 있어. 너만 거기에 가지 않으면 친구도 없고 너 혼자 바보 돼. 너 바보 되고 싶어?"라고 말할 필요는 없습니다. 그저 아이의 그 마음을 알아주세요. 그러면 됩니다.

엄마 입장에서, 부모 기준에서 아이에게 도움이 될 만한 것들을 이야기해도 아이는 공감하지 못합니다. 어린이집에 가야 한다는 걸

받아들이기까지는 시간이 필요합니다.

"그래, 어린이집에 가는 게 싫구나, 힘들구나." 이렇게 알아주기만 해도 아이는 품어진다는 느낌을 받게 됩니다.

아이가 무언가를 하기 싫었다거나 속상했다고 할 때 "아, 그래서 속상했구나." 하고 반응해주면 아이는 자기가 충분히 이해받았다고 느낍니다. 이렇게 아이의 감정을 알아주는 것은, 아이를 품안에 꼭 안아주는 것처럼 아이의 마음을 안아주는 것입니다. 아이의 감정이 어떻다는 것을 우리가 알아주면 아이들은 자기의 생각, 자기의 감정을 이해받았다고 느낍니다.

한 달 반 정도가 지나자 대반전이 일어났습니다. 아이는 주말이 되는 걸 아쉬워했습니다. 친구들과 선생님을 만나러 어린이집에 가지 못한다고요. 대개 한두 달의 시간이 흐르면 어느 아이나 괜찮아질 수 있습니다. 하지만 아이를 지켜보는 부모의 반응에 따라 어린이집에 적응하기까지 아이와 견뎌야 하는 시간의 질이 달라질 수 있습니다.

아이를 키우다 보면 "아이를 믿고 기다려라."라는 말을 여러 번 듣게 됩니다. 하지만 막연히 그냥 기다리면 불안하고 초조해서 기다리는 게 힘들 수밖에 없습니다. 아이 옆에서 기다리되 내가 할 수 있는 것들을 하면 됩니다. 아이를 도와주고 지지해줄 수 있는 것들을 찾으면 우리 안의 불안도 줄어들고 아이를 믿고 기다릴 수 있습니다.

아이는 편안함을 느껴야 마음을 더 잘 표현합니다.

아이가 어린이집에서 어떤 점에 불안을 느끼고 있는지를 살펴보는 게 중요합니다.

아직 말을 잘 못 하는 아이는 선생님과 적극적으로 소통하고, 의사 표현이 가능하다면 아이의 마음을 확인해주세요. 여기서도 기억해야 할 게 있습니다.

부모가 아이의 감정을 잘 담아주지 못하면 아이는 자신의 마음을 표현하기가 어렵답니다. 이렇게 생각할 수도 있어요. '내가 슬퍼하면 엄마에게 혼날지 몰라, 엄마가 힘들지 몰라.'

아이가 안전하게 자신의 마음을 표현할 수 있도록 환경을 제공해주세요. 아이가 자신의 마음을 표현하는 데 서툴다면 아이의 마음을 알 수 있는 방법으로 감정 놀이를 해보는 것도 좋습니다.

즐겁다. 신난다. 기쁘다. 속상하다. 슬프다. 심심하다. 편안하다….

1) 15가지 정도의 감정 단어를 도화지에 적어 카드 크기로 잘라주세요. 감정 단어에 맞는 그림을 아이와 함께 그려도 좋아요.

2) 그것을 바닥에 펼쳐놓고 아이의 마음이 어떤지 물어보세요. 말로 물어보는 것보다 감정 카드를 활용하면 놀이로 느끼기 때문에 아이가 더 재밌게 엄마의 질문을 적극적으로 탐색하게 된답니다.

CHAPTER 5

반복되는 화를 줄이고
부모의 말 습관을
바꾸는 기술

대화법을 익혀도
말 습관이
달라지지 않는 이유

부모의 언어 습관이 아이의 미래를 바꾼다는데 그 말 한마디를 다르게 하기가 참 어렵습니다. 아이의 자존감을 높이는 각종 대화법을 배우기 위해 강의도 듣고 책도 읽지만 그때뿐입니다. 배운 대로 단호하지만 따뜻한 방식으로 아이를 훈육하고 싶은데, 내 마음과 다르게 습관적인 말이 먼저 튀어나오고 맙니다. 모르면 그냥 지나쳤을 텐데, 알면서도 실천을 못 하니 아이가 잠이 들면 밀려드는 미안함과 죄책감에 너무 괴롭습니다.

이렇듯 대화법을 익혀도 말 습관이 달라지지 않는 이유는 무엇일까요?

상황을 해석하고 판단하는 습관화된 마음 반응 알아차리기

진정한 소통은 '말하는 것'이 아닌 '들어주는 것'에서 출발합니다. 잘 듣는 것은 잘 말하는 것만큼이나 중요합니다. 아이들은 부모가 잘 들을 때 더 많은 말을 하는데, 이때 아이의 말을 판단하지 않고 듣는 것이 중요합니다. 부모의 일방적인 생각으로 판단하며 들으면 아이는 더 이상 자신의 이야기를 하고 싶어 하지 않습니다. 흥미를 잃어버리는 것이지요.

아이보다 인생 경험이 많기 때문에, 내가 아이보다 더 잘 안다는 가치 체계가 아이의 말을 투명하게 듣는 것을 가로막습니다. 즉, 아이의 말과 행동을 듣고 보는 순간순간, 우리 안에 여러 가지 생각과 판단들이 올라오고, 그것들이 아이를 있는 그대로 보는 것을 방해합니다.

대화법만 공부해서는 쉽게 변화되지 않는 이유입니다. 우리는 말하는 방식뿐만 아니라 상황을 해석하고 판단하는 나의 습관화된 마음 반응으로부터 벗어나는 방법도 함께 연습해야 합니다.

아이가 아니라 부모가 문제인 경우

예를 들어, 여섯 살 딸을 둔 한 아버지가 "자기 할 일을 제대로 하지 않으면 매를 맞아야 한다."라는 신념을 가지고 있는 사람이라면, 그가 생각하는 '잘못'이 어떤 건지부터 점검해야 합니다. 여섯 살 아이가 학습지부터 풀지 않고 놀았다거나 일찍 자기 싫어 칭얼거리거나 우는 것은 죽을죄가 아닙니다. 장난감을 갖고 논 다음 그때그때 깔끔하게 정리 정돈을 못 하는 것도 여섯 살 아이에게는 맞아야 할 만큼 큰 잘못이 아닙니다. 같은 발달기의 아이들과 비교해보면 자연스러운 행동입니다. 각 발달 단계에 맞는 인지적, 언어적, 정서적 그리고 신체 발달들 또는 자조 능력까지 아이들이 각 시기에 할 수 있는 것들이 있습니다. 그럼에도 불구하고 그 나이 아이에게 적합하지 않은 엄격한 기준을 세우고 있다면 문제는 아이가 아니라 바로 부모 자신입니다.

이렇게 아이 잘못이 아니란 걸 깨달아야 달라질 수 있습니다. 그러면 애써 노력하지 않아도 아이에게 하는 말이 저절로 달라집니다. 부모가 '우는 것은 나약한 것'이라고 여긴다면, 자신의 아이가 우는 것을 받아주고 아이의 슬픔을 허용하는 게 힘들 수밖에 없습니다. 감정을 알아주는 것이 아이를 나약하게 만든다는 잘못된 신념을 가지고 있다면, 아이의 감정을 알아주고 공감해주기가 매우 어렵습니다. 또한 아이를 아이 그 자체로 보는 것이 아니라 부모 자신의 거울에 비춰보는 경우 걱정과 불안으로 인해 아이에게 화를 내는 경우도 많습니다. 이는 부모와 아이의 경계가 명확하지 않기 때문입니다. 우리는 자신의 것임을 인식하지 못한 채 자신의 생각과 감정을 아이에게 투사하고, 아이도 자신과 똑같이 생각하고 느낄 것이라고 추측하거나 자신과 똑같은 문제에 처할 것이라고 불안해하는 경우가 많습니다.

이런 일들은 거의 자동적으로 일어나 상황이 발생하는 당시에는 알아차리기가 어렵습니다. 그래서 '자동적 사고'라고 부르기도 하지요. 이 자동적 사고를 찾아 점검함으로써 달라질 수 있습니다.

"생각하는 대로 말하고, 말하는 대로 행동하게 된다."라는 말도 있듯이, 우리는 자신의 생각을 점검하고 대화법 익히는 일을 함께해야 합니다. 다르게 말하는 방식을 익히는 데도 시간이 걸리지만, 생각을 점검해 오류가 있으면 신념을 바꿔나가는 과정을 거쳐야 하다 보니 말하는 방법을 바꾸는 데는 노력과 시간이 꽤 걸릴 수밖에 없습니다.

부모인 내가 변해야 한다는 것 기억하기

저 또한 좌절의 순간이 많았습니다. '좋은 부모'가 되고 싶었던 저는 번번이 그러지 못한 스스로를 자책하며 나의 '모성애'를 의심하고, 그러다 스스로를 '부족한' 사람으로 정의하기도 했습니다. 너무나 달라지고 싶었지만 마음만큼 이전의 습관에서 벗어나기가 쉽지 않아서 많이 괴로웠습니다.

실패의 주원인이 어린 시절에 부모님으로부터 내가 원하는 방식으로 내가 원하는 만큼 충분히 사랑받지 못했기 때문이라는 결론에 다다르면 슬프고 아팠습니다. 내 부모님이 각종 자녀 교육서나 부모 교육서에서 말하는 좋은 부모의 역할을 했더라면 저도 분명 좀 더 수월하게 해냈을 게 분명하니까요. 하지만 가족 체계 이론에서는 부모님도 피해자로 봅니다. 부모님도 그들의 부모로부터 받지 못해서 우리에게 줄 수 없었던 거지요. 결국 부모 탓만은 아니라는 겁니다.

따라서 지금 우리가 할 수 있는 것은 자신이 변화해야 한다는 것을 알아차리는 것입니다. 위에서 아래로 조상들의 죄가 대물림되는 것을 우리가 바꿀 수 있습니다.

이 장에서는 우리가 가지고 있는 습관화된 마음 반응으로부터 벗어나기 위한 구체적인 방법을 살펴보겠습니다. 우리는 기존에 하지 않았던 방식으로 생각하고 느끼고 말하는 새로운 회로를 만들 수 있습니다. 우리의 뇌는 그런 능력을 가지고 있거든요. 이것을 뇌의 가소성이라고 합니다. 다른 방식으로 생각하는 길, 즉 새로운 회로 만들기는 연습을 하면 충분히 가능합니다.

반복되는 화를 줄이고
부모의 말 습관을 바꾸는
전략적인 방법

하나. 불필요한 갈등을 불러오는
내 안의 생각 패턴을 확인한다.

제주도로 가족 여행을 갔을 때의 일입니다. 공항에서 짐을 찾은 뒤 곧장 렌터카를 빌리러 갔습니다. 그곳에서 차를 반납하러 온 한 부부가 언성을 높이며 싸우고 있더군요. 좋은 데 놀러 와서 왜 저렇게 싸우느냐며, 우리는 싸우지 말자고 남편이랑 이야기를 주고받았습니다.

우리는 남편이 한번 몰아보고 싶다는 전기차를 빌렸고, 곧바로 사려니 숲길로 향했습니다. 목적지 주차장에 도착해 아이와 저는 화장실을 다녀오고 그사이 남편은 차 충전을 하겠다고 했습니다. 화장실을 다녀오니 남편이 차를 반대 방향으로 돌리고 있었어요. 충전기 줄이 짧아 충전기를 꽂으려면 차를 반대로 돌려야 한다고. 그런데 차를 반대로 돌려도 뭔가가 되지 않았어요. 전기차를 처음 다뤄본 남편은 이것저것 살펴보고 렌터카 회사에 전화도 해보았지만 충전기를 차에 연결시키는 것부터 어려움을 겪고 있었습니다.

기다리던 아이가 지루했는지 칭얼거리기 시작해 저와 아이 먼저 사려니 숲길로 향했습니다. 그런데 아이가 기분 좋게 뛰어가다 갑자기 몸을 홱 돌려 아빠가 있는 곳으로 가려다 엎어지고 말았어요. 하필 주차장 바닥이 울퉁불퉁한 돌이라 아이 무릎이 까져 피도 나고 코도 빨개졌습니다. 아이가 아프다고 울고불고 난리가 났는데도 남편은 아이를 한번 힐끗 쳐다보고는 전기차 충전기랑 계속 씨름을 했어요.

순간 이런 생각이 들었습니다. '전기차만 빌리지 않았으면 벌써 주차하고 사려니 숲길로 다 같이 향했을 거고, 전기차만 빌리지 않았으면 아이가 넘어져 이렇게 다치는 일도 없었을 텐데!' 이 생각은 곧바로 남편에 대한 강한 비난으로 변했고, 남편을 탓하는 말들을 당장 쏟아내야만 짜증이 치솟아 부글거리는 내 마음이 진정될 것 같았습니다.

"전기차는 왜 빌려가지고! 준이가 다쳤잖아!"

결국 이렇게 남편에게 쏘아붙이고 말았습니다.

불필요한 분노를 일으키는 인지적 오류

전기차를 빌린 것과 아이가 넘어져 다친 것은 전혀 인과 관계가 없음에도 불구하고 저는 이 둘을 연결시켰습니다. 전기차 충전 방법을 몰라 끙끙거리던 남편은 제가 남편을 탓하는 말에 결국 화가 나 이렇게 소리쳤습니다.

"전기차가 어떤지 한번 몰아보고 싶어서 빌렸어! 우리 집은 새로운 시도를 해볼 수가 없네! 실수가 용납되지 않는 집이네!"

즐거워야 할 여행길은 초반부터 서로의 신경이 곤두선 채 출발했습니다.

저는 이 일을 계기로 인과 관계가 없는 일을 연결시키는 오류가 종종 일어난다는 것도 알게 되었습니다. 되짚어보니 우리에게는 이와 비슷한 상황이 꽤 있었습니다. 이처럼 불필요하게 분노를 증폭시키는 내 안의 잘못된 생각 방식이 있습니다. 이를 인지적 오류라고 합니다.

인지심리학자들은 분노는 생각에서 발생한다고 주장합니다. 사람은 어떤 사건 때문에 화가 나기 전에 그 상황을 자기 방식으로 해석하고 평가하는 과정을 거치게 됩니다. 즉, 나의 감정은 사건 자체 때문이 아니라 그 사건에 내가 부여한 의미의 결과인 것입니다. 이처럼 감정과 생각은 밀접하게 연결되어 있기 때문에 화가 났을 때 내가 어떤 생각을 하고 있는지를 살펴보는 것이 중요합니다.

예를 들어, 평소에 아이가 말귀를 다 알아듣고 눈치가 빠른 편이라 여기는데 하지 말라는 행동을 계속하면서 내 말을 듣지 않을 때, '일부러 저러나?'라는 생각이 들면 순간 짜증과 화가 폭발합니다. 반면에 '지금 하고 있는 일에 집중하느라 내 말이 잘 안 들리나 보다.'라는 생각이 들면 화가 나기보다는 아이 얼굴을 보고 말하기 위해 아이 가까이 다가가게 됩니다.

다음 표는 가족 간 소통을 방해하고 불필요한 갈등을 일으키는 대표적인 인지적 오류입니다.

구분	내용
임의적 추론	어떤 사실을 뒷받침하는 근거가 없거나 그 근거가 사실에 반하는 경우에도 그게 맞다고 임의적으로 결론을 내리는 것. 예) 아이가 다친 것은 남편이 전기차를 빌렸기 때문이다.
선택적 추상화	여러 가지 정보 중에서 자신의 생각이나 감정을 정당화하기 위한 정보만 선택해 전체로 해석하는 것. 예) 여러 번 불러도 아이가 대답하지 않는다면 나를 무시하는 것이다.
이분법적 사고	세상의 모든 일을 절대적인 기준에서 옳고 그른 것으로 구분한다거나 흑백 논리로 접근하는 것. 예) 쓰고 난 물건은 반드시 제자리에 둬야 한다. 잘못했으면 맞아야 해.
파국화	일의 진행 과정에서 미래에 일어날 수 있는 여러 가지 상황 중 가장 극단적인 상황만 생각하는 것. 예) 다섯 살인데 아직 한글을 모르면 앞으로 학습을 따라가기가 힘들어.
개인화	자신과 상관없는 사건이나 사실 등을 자신과 관계 지어 생각하는 것. 예) 아이가 잠을 자지 않는 것은 나를 힘들게 하기 위해서다.

우리 가족에게 있었던 일을 돌아보면서 저에게도 부정적인 감정을 일으키고 불필요한 갈등을 유발하는 인지적 오류가 종종 일어난다는 걸 발견했습니다. 하지만 이런 통찰을 얻었다고 해서 상황을 바라보고 해석하는 방식이 금방 바뀌지는 않습니다. 당연하지요. 수십 년에 걸쳐 내 몸에 밴 습관이 통찰 하나로 바뀌지는 않습니다.

하지만 원인을 아는 것만으로도 얻는 것은 있습니다. 멈출 수 있는 힘이 생긴다는 겁니다. 비슷한 상황에서 자동적으로 반응했던 과거와 달리 이제는 의식적으로 제 생각을 알아차리고 멈출 수 있는 힘이 생겼습니다. '아, 내가 또 전혀 관련 없는 둘 사이를 연결 짓고 있구나. 아이가 넘어져 다친 것과 남편이 전기차를 빌린 것은 전혀 상관없어.'라고 한발 물러서서 상황을 객관적으로 바라볼 수 있게 된 거죠. "당신 때문에 아이가 다쳤잖아!"라고 말했더라도 바로 사과해 부부싸움의 2절, 3절로 나아가지 않습니다.

이렇게 인지적 오류를 알아차리면 습관화되어 자동적으로 반응하던 기존 방식에서 점점 의식적으로 내가 선택할 수 있는 힘이 생깁니다. 자극과 반응 사이에 공간이 생기고, 그 공간에서 내가 하려는 말과 행동을 선택할 수 있게 됩니다.

자신의 생각에 대해 생각하는 힘 기르기

부모들은 종종 자는 아이를 바라보며 '왜 나는 그렇게밖에 하지 못했을까?'라며 자신이 잘못한 점이나 실수에 대해 생각합니다. 지난 일을 지속적으로 떠올리면서 자신의 잘못이나 능력 부족을 자책하지요. 이것을 '반추'라고 합니다.

이렇게 자책하는 부정적인 사고 습관은 죄책감을 불러오고 우울과 불안을 가중시켜 스트레스를 유발하는 요인이 됩니다. 반추는 사건의 일부분을 확대해서 생각하게 만들어 부정적인 감정이 증폭되기 쉽습니다.

습관적인 반추가 아니라 이제는 자신의 내면에 좀 더 관심을 기울이고 들여다볼 수 있어야 합니다. 에너지를 뺏기는 것이 아니라 내면의 힘을 키우는 작업입니다. '왜 그렇게밖에 하지 못했을까?'에 그치지 말고, '내가 그 순간에 왜 그렇게 화가 났을까?'를 들여다보고 '다음에는 어떻게 다르게 말할(행동할) 수 있을까?'로 나아가야 합니다.

이것은 죄책감이나 자기 비난 대신 자기 성찰을 통해 필요한 변화를 만드는 데 에너지를 쏟는 작업입니다. 생산적인 활동이지요. 이런 활동이 중요한 이유는, 살면서 실수나 잘못 등 후회할 일들을 할 때 거기에 매몰되지 않고 건강하고 효율적으로 뒷수습을 하도록 도와주기 때문입니다. 감정을 일으킨 자극이 무엇인지, 그 자극이 어떻게 그런 감정을 유발했는지를 확인하지 않는다면, 동일한 자극에 노출될 때마다 반복해서 불쾌한 감정을 경험할 수밖에 없습니다. 내가 어떤 상황에서 자극을 받는지만 알아도 그 상황을 예방할 수 있는 힘을 가지게 됩니다.

우리는 누구나 비합리적인 면을 갖고 살아갑니다. 따라서 자신의 생각에 대해 생각해보는 연습이 필요합니다. 생각에 대해 생각하는 힘이 있으면 자신의 습관화된 마음 반응을 알아차릴 수 있습니다. 내 안의 어떤 욕구가 충족되지 않아 화가 났는지, 혹은 내 생각의 맥락에 어떤 오류가 있는지를 알아차리면 멈출 수 있고, 화를 내는 것이 아닌 다른 반응을 선택할 수 있습니다.

아이도 인지적 오류에 빠질 수 있습니다.

어느 날 아이와 TV를 보고 있을 때였습니다. 주인공이 실패에 굴복하지 않고 7전 8기의 정신으로 계속 도전해 마침내 원하는 것을 이루어내는 모습이 그려지고 있었습니다. 저는 내 아이도 포기하지 않고 도전하는 정신을 갖고 있는지 궁금해 물었습니다.

"준아, 너는 하고 싶은 게 있는데 잘 안 되면 어떡할 것 같아?"

"울고 떼쓸 거야."

될 때까지 하겠다거나 다시 해볼 거라는 대답을 기대했던 저의 예상과 달라 무척 당황스러웠습니다.

"뭐? 그렇게 울고 떼쓰면 뭐가 좋은데?"

"그러면 아빠가 들어줘."

"준이가 울면 아빠가 울지 말라고 혼냈잖아."

"아니야. 아빠는 준이가 울고 떼쓰면 좋아해. 그러면 다 들어줬잖아."

아이에게 왜 이런 행동 양식이 생긴 걸까요? 아이와의 대화를 통해 아빠 앞에서 유독 징징거림이 잦았던 이유를 찾을 수 있었습니다. 남편은 아이가 징징거리고 짜증 낼 때마다 그러지 말라고 혼내면서도 결국 아이가 원하는 것을 해주곤 했지요. 아빠와의 반복된 관계 경험을 통해 아이 마음속에 '원하는 대로 되지 않으면 떼쓰고 징징거릴 거야. 그러면 아빠가 해주니까.'라는 공식이 생긴 것입니다.

둘. 해야만 한다는 기대와 강요, 나만의 당연한 기대를 점검한다.

상황

워크숍 중 부재중 전화가 와 있어 쉬는 시간에 확인해보니 남편이었다. 아이 병원에 가는데 주민등록번호가 뭐냐고 묻는 톡이 와 있었다. 이전에 알려준 적이 있고, 사진을 찍어 이미지로 보내준 적도 있다.

감정

짜증나는, 답답한, 화나는

생각

아빠라면, 아이 주민등록번호를 외우진 못하더라도 저장해놓고 있어야지! 처음도 아닌데, 왜 그걸 저장해두지도 않고 기억도 못 하는 거야.

행동

남편에게 전화해, 짜증이 가득 찬 목소리로 아이 주민등록번호 알려줌.

남편

모를 수도 있지! 나 혼자 애 본다고 힘들어 죽겠는데 고맙다고 말은 못 할망정!

인지적 오류

아빠라면 그 정도는 당연히 할 수 있어야 한다. 해야 한다.

대안적 생각

친구가 같은 상황이라면 어떤 말을 해줄까?

"그럴 수도 있지! 깜빡할 수도 있지."

행동

다음부터는 쉽게 찾을 수 있도록 휴대전화에 메모해놓으라고 요청하고, 혼자 아이를 보는 데 대한 고마움을 표현함.

남편

그래, 준이는 걱정 말고 워크숍 잘하고 와~.

워크숍 중 부재중 전화가 와 있어 쉬는 시간에 확인해보니 남편이 었습니다. 아이와 병원에 갈 거라며 아이 주민등록번호를 묻는 톡도 와 있었고요. 남편이 제게 연락한 이유를 알게 되자 저는 화가 치솟 았습니다. 아이의 주민등록번호는 이전에 직접 알려준 적도 있고 사진을 찍어 이미지로 보내준 적도 있었거든요.

이때 저의 마음 반응은 다음과 같았습니다.

○ '아빠라면 아이 주민등록번호를 외우지는 못하더라도 메모는 해 놓아야지. 처음도 아닌데, 왜 그걸 저장도 안 해두고 기억도 못 하는 거야.'라는 생각이 들자 답답하고 짜증이 나 화가 치솟았습 니다.

○ 그리고 '혹시 제때 나랑 연락이 안 돼서 병원에 가지 못한 건 아 닐까?'라는 생각이 들자 걱정도 되고, 아이가 많이 아픈데 바로 병원에도 못 가고 있는 건 아닌지 불안한 마음도 들었습니다.

저는 곧바로 남편에게 전화해 왜 그것도 모르냐며 핀잔을 주고, 신경질적인 목소리로 아이 주민등록번호를 알려주었습니다. 이런 저의 반응에 남편은 혼자서 아이를 돌보고 있는 자신의 수고를 몰라 주고 짜증을 낸다며 자신의 서운한 마음을 화로 표현했습니다.

○ "모를 수도 있지! 나 혼자 애 보느라 힘들어 죽겠는데 고맙다는 말은 못 할망정!"

만약 똑같은 상황에서 제가 '아이 주민등록번호를 모를 수도 있지, 그럴 수도 있지.'라고 생각했다면 아마 저는 다르게 행동했을 거예요.

이처럼 상황을 어떻게 해석하느냐에 따라 행동이 달라질 수 있습니다. 우리는 친밀하고 가까운 관계, 즉 가족인 배우자나 자녀, 부모, 동생 등에게 더 쉽게 화가 나고 더 쉽게 화를 내곤 합니다. 자신도 모르게 소리를 지르거나 욱하는 등 저절로 행동이 먼저 나가버립니다. 참 이상하지요. 특히 아이에게 소리를 지르거나 화를 내고는 다시는 그러지 말아야지 다짐하면서도 또다시 반복하고 있는 자신을 발견할 때면 좌절감도 들고 나쁜 부모라는 죄책감도 더해집니다. 이처럼 가족에게 늘 미안하면서도 똑같은 행동을 반복하며 화를 내는 데는 이유가 있습니다. 바로 기대하기 때문입니다.

이 기대는 '~했으면 좋겠다'라는 바람에 그치지 않고 '당연히 ~해야 한다'로 이어집니다. 가깝고 친밀한 사이일수록 상대가 나처럼 생각하고 나의 기대대로 행동하기를 바라거든요. 그래서 상대의 가치 체계를 인정하거나 이해하려는 시도보다는 나의 가치 체계로 바꾸려고 강요하게 됩니다. 상대가 내 틀에 맞게 행동하지 않으면, 즉 나의 가치 체계와 다르게 행동하면 잘못됐다고 여기고요.

갈등은 여기서 시작됩니다. 엄마들이 다른 사람이 아닌 남편에게 더 쉽게 짜증과 화를 내는 이유는 내 남편이고 내 아이의 아빠라서 기대하는 것이 있기 때문입니다. 직장 동료가 아프다고 하면, "요새 감기 오래간다는데 약은 먹었느냐, 좀 쉬어라."라는 말이 자연스럽게 나오지만 남편이 아프다고 하면 어떤가요? 걱정되면서도 마음속에서 뭔가가 부글거리며 올라오는 걸 느낄 수 있습니다. 그것도 전날 회식을 했거나 혼자 놀다 와서 그러면 걱정보다는 괘씸하고 부아가 치밀지요. 엄마의 마음 안에는 남편이 아이랑 잘 놀아주고 집안일도 같이 해주길 바라는, 남편으로서 아이 아빠로서의 역할에 대한 이상적인 기대가 있기 때문에 그 기대가 깨지면 화가 납니다. 아이도 마찬가지예요. 다른 아이의 행동은 너그럽게 넘기면서 내 아이에 대해서는 평정심을 유지하지 어려운 이유가 바로 내 아이에 대한 기대치 때문입니다.

우리는 아무한테나 자신의 가치를 요구하며 바꾸려하거나 요구하지 않습니다. 자신에게 중요하고 의미 있는 대상일수록 많은 기대를 하게 되고 고치려 듭니다. 대표적인 대상이 바로 배우자와 아이예요. 배우자나 아이가 내 기대를 만족시켜주지 못하면 쉽게 짜증이 나고 화가 납니다. 특히 과거에 결핍된 나의 어떤 것을 현재의 대상에게 기대하고 요구하면 문제가 됩니다. 자신의 결핍을 배우자나 자녀가 채워주길 기대하고 요구하면 가족 간 갈등이 높아지거든요.

아이에게 기대할 때, 기대가 깨졌을 때

'마땅히 ~해야만 한다'는 기대를 '나만의 당연한 기대, 당위적 사고'라고 합니다. 자신 안에 '당연히 ~해야 한다'는 기대가 많은 사람은 화가 많을 수밖에 없습니다. 이것의 특징 중 하나는 바로 융통성이 없다는 것입니다. 자신이 고수하는 가치가 어떤 상황에서도 우선시되길 원합니다. 모든 상황에서 통제력을 발휘하는 것은 불가능한 일인데도, 내가 당연하다고 생각했던 것들이 지켜지지 않으면 분노가 치솟습니다. 그러면 옆에 있는 사람들이 괴로워집니다.

사람에게는 저마다 다르겠지만 이런 당연한 기대들이 있습니다. 개수가 많을수록 지켜야 할 것이 많아지기 때문에 힘들어집니다.

내 안에 어떤 당연한 기대들이 있는지, 어떤 원칙들을 갖고 있는지 찾아 적어볼까요?

내가 중요하게 생각하는 것, 내가 정말 싫어하는 것 위주로 떠올리면 됩니다. 가장 쉬운 방법은 아이와 배우자가 고쳐야 할 특징들을 떠올리며 적는 거예요. 그 부분이 싫은 이유 뒤에는 내가 세워놓은 어떤 기준이 어긋나서인 경우가 많기 때문이거든요. 내가 생각하는 '착한 아이'와 '나쁜 아이'의 기준도 마찬가지입니다.

만약 아이를 보며 '말도 참 안 듣고, 또박또박 말대답하며 자기 말은 다 하고, 혼내면 자기 의견 말하기 바쁘다.', '말을 하면 알아들어야지.'라고 생각한다면, 부모의 생각 뒤에는 어떤 당연한 기대가 있을까요? 바로 '자녀는 부모에게 순종해야 한다.'라는 신념이 있다고 볼 수 있습니다.

자신이 적은 항목 하나하나를 두고 반드시, 모든 사람이 여기에 해당되는지 체크해보세요. 남녀노소 구분 없이, 어떠한 상황적 배경에도 불구하고 누구나가 지켜야만 하는 원칙일까요?

정답은 이미 알고 있듯이 "그렇지 않다."입니다. 이런 당연한 기대들은 사람마다 다릅니다. 누구에게나 보편적으로 적용되는 것이 아니라, 개인의 경험과 가치관에 따라 그 종류와 정도가 각기 달라집니다.

자신만의 당연한 기대를 점검하는 가장 큰 이유는, 이것이 나의 생각과 감정 그리고 행동에 영향을 끼치기 때문입니다.

상황	놀이터에서 놀고 있는 아이를 두세 번 불렀는데 아이가 돌아보거나 대답하지 않았다.

↓

생각	엄마 말 무시하는 거야? 놀이터에 있는 다른 엄마들이 아이 교육을 잘못 시켰다고 생각하지 않을까? **내 안의 당연한 기대** ⇒ 엄마가 부르면 바로 대답해야 한다. ⇒ 아이는 부모의 말을 잘 들어야 한다.

↓

감정	섭섭하다. 화가 난다. 민망하다. 부끄럽다. 수치스럽다.

↓

반응	아이에게 화를 낸다.

상황이 직접적으로 감정을 만들지는 않습니다. 상황 자체는 우리에게 어떠한 영향도 주지 않거든요. 상황과 감정 사이에 무언가가 있습니다. 바로 그 상황을 해석하는 나의 생각입니다. 그것이 너무 빨리 지나가기 때문에 의식하지 못할 뿐이지요.

나의 불쾌한 감정 이면에는 그와 연관된 나만의 어떤 기준과 생각이 있을 가능성이 많습니다. 불쾌한 감정이 들 때는 습관적으로 지금 자신이 무슨 생각을 했는지를 들여다보는 노력이 필요합니다. 아이의 어떤 말과 행동이 유난히 거슬린다면 이제부터는 자신의 마음을 먼저 들여다보세요. 문제는 아이가 아니라 아이의 말과 행동을 통해 자동적으로 스위치가 켜지는 내 안의 '비합리적인 생각' 때문일 가능성이 크니까요. 결국 내 생각이 문제인데, 아이가 문제라고 여기고 아이를 혼내게 될지도 모릅니다.

감정일기 : 내 안의 비합리적 생각을 관찰하고 발견하는 방법

감정일기 쓰기는 그런 면에서 매우 도움이 되는 습관입니다. 앞서 인터넷 카페에 비공개로 감정을 기록하는 공간을 마련하라는 팁을 제안했는데요. 언제 어디서나 스마트폰을 통해 간편하게 기록하고, 시간이 좀 더 허락되면 그 글을 읽으며 나를 들여다볼 수 있습니다.

감정일기를 쓰면 화가 난 순간 내 안에서 일어나는 자동적인 사고를 확인할 수 있습니다. 흔히 외부 상황이나 상대 때문에 화가 났다고 말하지만, 상황 자체보다는 그 상황을 바라보고 해석하는 나의 사고방식이 문제인 경우가 많습니다. 그것만 알 수 있어도 큰 소득이랍니다. 즉, 나의 기분 변화를 일으키는 것은 실제 사건이 아니라 그것을 바라보고 해석하는 나의 지각이거든요. 이것은 무의식적으로 일어나는 반응이기 때문에 알아차리기가 어렵습니다. 감정을 관찰하는 일지를 통해서만 파악할 수 있습니다. 당시 떠오르는 생각을 그대로 옮겨 적은 후 그것을 찬찬이 들여다보면, 내 생각들이 합리적이지 않았다는 것을 확인할 수 있습니다. 몇 번 불러도 대답하지 않는 아이를 보며 '나를 무시하는 거야.'라고 단정 짓는 생각 속에서 '아이가 나를 무시한다고 생각하고 있구나.' 하고 나의 왜곡된 마음 반응을 알아차릴 수 있게 됩니다.

사람이 생각하는 방식은 어린 시절부터 반복적으로 경험한 것들이 차곡차곡 쌓여 만들어졌고, 성격을 형성하고 인간관계를 맺는 방식에 영향을 미칩니다. 이렇듯 내가 경험한 과거의 잔재는 없어지지 않고 내 안의 어딘가에 남아 현재의 나에게도 영향을 끼치고 있습니다.

이럴 때는 감정일기를 통해 자신의 생각을 관찰함으로써 과거에서 한발 물러서서 현재의 상황을 있는 그대로 바라볼 수 있는 힘을 키울 수 있습니다. 그리고 상황을 관찰하는 것만으로도 멈출 수 있고 이전과 다르게 행동할 수 있습니다. 이전의 자동화된 반응에서 내가 의식적으로 선택할 수 있는 힘이 생기기 때문에 달라질 수 있습니다.

이제부터 감정일기를 통해서 나의 에너지를 좀먹는 부정적 사고가 얼마나 습관적으로 일어나고 있는지 관찰해보고 대안적인 사고로 바꿔나가는 연습을 해 볼까요?

반복되는 화의 패턴 찾기를 위한 감정일기 쓰기 TIP

인지 치료의 선두주자 아론 벡 박사의 '역기능 사고의 기록표'를 응용해 감정일기를 적어볼까요. 부정적으로 해석하게 만들던 자동적 사고를 일단 멈추게 되고, 더 나아가 객관적 사고로 대체할 수 있는 효과적인 방법입니다.

상황	예) 첫째가 어린이집 가기 싫다고 함.

↓

감정	속상한, 화나는, 답답한, 짜증나는.

↓

자동적으로 떠오른 생각 (내면 풀이)	• 한 번이 두 번 되고 두 번이 세 번 되면 어떡하지? • 자꾸 안 간다고 하면 어쩌지? • 둘째도 있는데 오늘도 힘들겠구나.

↓

인지 왜곡 ("~라는 생각이 들었 다."로 고쳐 써보기)	• 오늘 가기 싫다고 했는데. 내일도 모레도 계속 가지 않겠다고 할 것 같은 생각이 들었다.

합리적 반응 대안적 사고	• 나도 학교나 회사 가기 싫은 날 있었잖아. 한 번쯤 투정 부릴 수도 있는 거지. • 컨디션이 나쁘거나 무슨 일이 있는 건 아닐까? • 둘을 보기에는 힘이 드는데. 남편한테 일찍 오라고 해야겠다.

합리적인 반응을 찾아 쓰기 어려울 땐 다른 사람의 경우라고 생각하면 한결 쉬워집니다. 우리는 자신의 문제는 제대로 보지 못하지만 다른 사람에게 조언은 잘해주거든요.

이 상황에서 다른 사람은 어떻게 생각할지 물어보세요. 혹은 친구가 그런 생각을 한다면 어떻게 조언해줄 수 있을지를 찾아보세요. 자신에 대해서 다르게 생각하기는 어렵지만 친구에게 조언은 잘하는 특성을 십분 활용하는 겁니다!

마지막으로 찾아 적은 대안을 소리 내어 읽어주세요. 자신에게 들려주세요. 스스로에게 위안과 공감을 해주세요.

셋. 아이와 동일시하지 말고 경계를 세운다.

아이가 다니는 어린이집 부모 참여 행사에 갔을 때예요. 아이가 평소에 친구들과 잘 어울려 논다고 선생님께 전해 들었는데, 그날 본 아이의 모습은 제가 기대했던 것과 좀 달랐습니다. 함께 반에 들어갔을 때, 아이들과 반갑게 인사하는 게 아니라 멀뚱멀뚱 쳐다만 봤어요. 첫 수업이 진행되고 주변을 살펴보니, 여자아이들은 몇몇 무리가 형성되어 늦게 온 아이 자리도 잡아주고 참여 도구도 챙겨주는데, 제 아이는 그런 것이 없었습니다. 혼자 앉아 있는 모습이 마음에 걸렸습니다. 친구 관계에 문제는 없는지, 친구와 잘 지내는 것이 맞는지, 친구랑 잘 어울리지 못해서 어려움을 겪고 있는 것은 아닌지, 제 안의 걱정과 불안이 점점 커졌습니다.

이후 담임선생님이 강과 호수, 바다에 대한 차이점을 모형에 물을 부어가며 직접 보여주는 수업을 할 때였어요. 다른 아이들은 호기심에 선생님의 가까이 다가오지 말라는 부탁을 잊고 자꾸만 선생님 앞으로 바짝 다가섰는데, 제 아이는 선생님의 말에 따라 자기 자리를 지키고 있었습니다. 저는 '내 아이만 호기심이 부족한가?'라는 걱정이 들면서 또 불안해졌습니다.

행사 마지막은 아이들이 다 같이 모여 바구니 터뜨리기를 했습니다. 콩주머니를 던져 바구니가 터지면 그 안에서 작은 선물들이 쏟아져 나왔습니다. 아이들은 바구니가 터지자마자 환호성을 지르며 잽싸게 뛰어가 선물을 줍기 바빴습니다. 하지만 제 아이는 아이들이 몰려들자 그 틈새를 파고들기는커녕 뒤에서 멀뚱히 서 있었습니다. 답답한 마음에 제가 뛰어나가 선물 하나를 집어 아이 손에 쥐여주었습니다.

'세상이 얼마나 경쟁적인데, 저래서야 남들한테 다 뺏기고 제 것도 못 챙기며 사는 거 아니야?'라는 걱정이 또 제 안의 불안을 키우고 있었습니다.

아이를 있는 그대로 보지 못하는 부모

아이가 내 배에서 나온 것은 맞지만 아이는 내가 아닙니다. 나의 기질과 성향, 외모 등 많은 면에서 닮은 것은 맞지만 온전히 나와 같지는 않습니다.

많은 부모가 이 점을 때때로 잊습니다. 아이를 있는 그대로 보는 것이 아니라 나라는 거울에 비춰 나를 통해 봅니다. 아이의 마음속에서 어떤 일이 일어나고 있는지를 자신의 경험과 생각에 비추어 이해하고 예측합니다. 나라는 거울이 왜곡 없이 그대로 아이를 비춰주면 좋겠지만 안타깝게도 그렇지 않은 경우가 대부분입니다. 우리는 자신의 다양한 모습, 특히 살면서 마음에 들지 않았던 내 모습, 바꾸고 싶었던 내 모습이 담긴 거울을 통해 아이를 비춰보는 경우가 많습니다. 자신과 중요한 관계일 때는 자신을 상대와 동일시하고, 상대를 자신의 가치 체계 위에서 바라보기 때문입니다.

아이는 부모와 다른 환경에서 다른 경험을 하며 자란다

저는 2인 관계에서 편안함과 안전함을 느낍니다. 사람마다 편안함을 느끼는 관계가 다르답니다. 혼자, 2인, 3인, 4인…. 그중 저처럼 2인일 때 편안함을 느끼는 사람의 특징은 관계를 독점하고 싶은 욕구가 큽니다. 정신분석학 관점에서 보면 이런 성향은 어릴 적 애정에 대한 독점욕이 충족되지 않아서, 그 욕구가 아직도 관계에서 강하게 영향을 미치는 것이라 합니다.

반면 제 아이는 애정에 대한 독점 욕구가 없습니다. 왜냐고요? 엄마, 아빠, 할머니, 할아버지가 말과 행동으로 아이에 대한 사랑을 충분히 표현해 애정에 대한 욕구가 충족되고 있기 때문에 어린이집에서 짝꿍에 연연할 필요가 없었던 것이지요.

제 아이가 선생님 말을 잘 듣고 규칙을 따르는 이유는 저와 달랐습니다. 저는 권위자에 대한 복종이자 자기표현을 못해서 그랬지만, 제 아이는 그렇지 않았습니다. 자기표현을 잘하거든요. 어린 시절, 하고 싶은 것이 있어도 말 한마디 못하고 마음속으로 눌러 참곤 했던 저의 거울에 비춰 제 아이도 그러지 않을까 염려했던 것이지요.

저는 1남 3녀 중 맏이입니다. 어릴 때는 먹을 것이든 갖고 싶은 것이든 잽싸게 뛰어가 내 것을 하나 집어야 했지요. 재빠르게 뛰어가지 않으면 내 것은 남아 있지 않곤 했거든요. 동생들이 선택하지 않는 가장 인기 없는 것을 어쩔 수 없이 가져야 할 때도 있었습니다. 저는 그런 환경에서 컸지만 제 아이는 전혀 그런 것을 경험해보지 않았습니다. 굳이 자기가 챙기지 않아도 누가 집어가는 사람도 없었고, 그것은 그 자리에 그냥 놓여 있었죠. 몸을 날려 자기 몫을 챙겨야만 하는 경험이 없는 환경에서 자라고 있기 때문에, 잽싸게 자신의 것을 챙기고자 하는 마음이 없었던 게 어찌 보면 당연합니다.

이렇듯 아이와 저는 각기 다른 환경에서 다른 경험을 하며 살고 있습니다. 그런데도 저는 저의 경험에 비추어 아이를 들여다보곤 합니다. 늘 아이가 나와 같은 문제를 겪을까 봐 걱정하고 전전긍긍했습니다. 나와 분리해서 다른 사람이라고 생각하는 것 자체가 불가능했던 것 같습니다. 그것은 내 안의 불안을 키웠고, 결국 문제가 아닌 것을 문제로 보게 했고, 아이에게 부모의 생각을 일방적으로 강요하게 만들었습니다.

아이를 있는 그대로 보는 방법

부모 자신의 거울이 아닌 아이를 있는 그대로 보려면 어떻게 해야할까요? 아이를 키우다 보면 아이가 나와 똑같아서 혹은 나와 달라서 마음에 걸리는 것들이 있습니다. 그런 것들을 한번 찾아볼까요.

1. 긍정적인 말인데 듣기 싫은 말이 있다면 무엇인가요?

예) 의젓하다. 규칙을 잘 지킨다.

2. 내 모습에서 가장 변화시키고 싶은 것, 내 성격 중 가장 마음에 들지 않는 것은 무엇인가요?

예) 내성적인 성향.

이 2가지만 알고 있어도 우리는 아이와 나를 분리해서 보는 힘을 키울 수 있습니다. 이것은 나의 것이지 아이의 것이 아닙니다. 물론 알고 있더라도 내 안의 불안은 계속해서 생길 수 있습니다. 하지만 그 불안이 꼬리에 꼬리를 물고 커지는 것이 아니라 통제할 수 있게 됩니다.

우리의 해결되지 않은 결핍과 상처는 아이를 키우면서 건드려집니다. 그것은 내 상처인데, 왜곡되어 아이의 문제로 보게 만듭니다. 물론 그 안에는 '아이가 잘되길 바라는' 긍정적인 욕구가 있습니다. 하지만 내 안의 걱정과 불안은 '아이가 잘되길 바라는' 그 긍정적인 욕구가 지나쳐 아이의 타고난 성향을 인정하지 않고 잘못된 것으로 여겨 바꾸려고 하는 힘으로 움직이기도 합니다.

멈추고 싶고 바꾸고 싶은 것 중 어떤 것이 아이의 것이고 어떤 것이 내 것인지 한번 살펴보세요. 우리는 현재를 사는 것 같지만 자신의 과거의 경험에 비추어 현재를 바라보며 살고, 과거의 경험에 비추어 미래를 그립니다. 그래서 아이가 성장하는 데 긍정적인 도움을 주고 싶다면 먼저 아이보다 나 자신을 아는 것이 중요합니다.

넷. 분노 뒤에 숨은 진짜 감정을 찾아 품어준다.

우리는 아이의 욕구를 알아차리고 적절하게 반응함으로써 아이가 부모로부터 이해받고 사랑받는다는 느낌을 갖게 하기 위해서 노력합니다. 하지만 늘 그렇게 하기는 어렵습니다. 완벽한 아이가 없듯

완벽한 부모도 없습니다. 그렇게 되려고 노력할 뿐입니다.

부모의 결핍과 불안이 아이를 몰아세운다

좋은 부모를 지향하되 좌절할 필요는 없습니다. 하지만 우리가 좋은 부모가 되는 것을 막는 고약하고 지독한 방해꾼이 있답니다. 바로 내 안의 결핍과 해결되지 않은 슬픔입니다. 이것이 불안을 불러내고 그 불안이 결국 화로 나타나는 경우가 많습니다. 우리가 원하는 좋은 부모가 되고 싶다면 그 결핍과 불안을 해결해야 합니다.

예전에 계단에서 급하게 뛰어 내려가다 넘어져 발목을 접질린 적이 있습니다. 평상시에는 별 무리가 없는데, 아무 생각 없이 움직이다가 나도 모르게 특정 자세를 취하면 악 소리가 나게 아팠습니다. 스트레칭을 할 때도 특정 자세는 취하기가 어려워졌지만, 일상생활에는 지장이 없다 보니 알아서 해당 동작을 피했습니다. 이처럼 아프거나 불편하면 우리는 그 동작을 피합니다.

마음도 마찬가지입니다. 내 상처와 아픔 때문에 지금과 같은 반응을 하는 건 어쩌면 자연스러운 일일지도 모릅니다. 물론 마음에서 일어나는 일은 훨씬 복잡합니다. 발목을 삐었기 때문에 특정 동작을 하기 어렵다는 것은 알 수 있지만, 마음 반응에 대해서는 정확한 원인을 찾기 어려울 때가 더 많습니다. 그저 '증상'만 보입니다. 증상 이면의 마음 작용을 이해하는 데는 좀 더 노력이 필요하고 시간이 걸립니다. 하지만 그냥 그대로 두면 우리는 특정 상황에서 같은 자극이 들어올 때 습관화된 반응을 자동적으로 계속하게 됩니다.

결핍과 맞닿아 있는 상처와 슬픔은 상황을 있는 그대로 보는 것을 방해합니다. 아프기 때문에 그렇습니다. 그래서 아이가 나를 무시한다고 단정하는 내 생각이 문제인데 아이 때문에 화가 난다고 아이를 탓하게 됩니다. 내 문제를 아이의 문제라 여기고 아이를 몰아세우게 됩니다. 하지만 자신의 결핍을 알아차리고 마음으로 받아들이면 더 이상 그 결핍에 연연하지 않게 됩니다. 자신의 결핍과 불안 때문에 아이를 몰아세웠던 그간의 행동들을 멈출 수 있게 됩니다.

저 역시 경제적으로 풍족하지 않았던 집안에서 연년생 동생을 둔 1남 3녀의 맏딸로 태어나 충분한 돌봄과 사랑을 받지 못했는데, 그것을 인정하고 마음으로 받아들이는 게 생각처럼 쉽지 않았습니다. 그 사실을 인정하기가 너무 슬프고 아팠거든요. 아이가 존재 자체로서 인정받지 못하면 얼마나 고통스럽고 힘든지, 그리고 심리적으로 여러 부정적인 영향을 받을 수 있다는 것을 심리학을 전공해 너무나 잘 알다 보니, 그것을 마음으로 받아들이는 것이 많이 아프고 힘들었습니다.

무엇보다 나의 부모가 내 안의 핵심 수치심을 만들어낸 토대가 되었고, 가장 안전해야 할 대상인 부모가 내게 불안과 외로움을 심어주었다는 사실을 인정한다는 건, 마치 내 존재 자체를 뒤흔드는 것처럼 여겨졌습니다. 하지만 내가 갖고 있던 외로움과 불안의 실체가 어디에서 시작되었는지를 깨닫는 순간, 더 이상 그 외로움과 불안에 휘둘리지 않을 수 있게 되었습니다.

내가 원하는 방식으로 아이를 대할 수 있다

어렸을 때 뭔가가 제 마음대로 되지 않아 울면 부모님은 "뚝! 그쳐!", "울지 말고 똑바로 말해봐."라고 다그치며, 제대로 한 번에 말하지 못한다고 비난하고 질책했습니다. 하지만 저는 아이에게 이렇게 말합니다.

"그래, 무슨 일이야?"

"괜찮아, 이야기해봐~."

아이를 지지하고, 아이가 울면서도 끝까지 말할 수 있도록 다그치지 않고 기다립니다. 아이에게 "안 돼."라고 말할 때도 있지만 비난과 질책은 하지 않습니다.

꿈이 시시때때로 바뀌던 학창 시절, 하루는 앵커의 꿈을 키우며 집에서 신문 기사를 소리 내서 읽은 적이 있습니다. 그러자 엄마는 "누가 신문을 소리 내서 읽어? 시끄럽게!"라며, 제가 왜 그런 행동을 하는지 궁금해하기보다는 시끄럽다며 면박을 줬습니다. 하지만 저는 '아이의 모든 행동에는 이유가 있다.'라는 믿음을 가지고 아이를 대할 수 있게 되었습니다.

부모님만 탓하고 있었다면 지금 저의 이런 모습은 상상할 수 없었을 겁니다. 저는 비록 제가 원하는 방식으로 제가 원하는 만큼 충분히 사랑받지는 못했지만, 제 아이를 사랑하는 마음을 말과 행동으로 적절히 표현할 수 있게 되었습니다. 그리고 이제 알았습니다. 때때로 충분하지는 못했지만 제 부모님도 당신들의 방식으로 저를 사랑했다는 것을요.

이런 변화는 화나는 감정을 단서로, 내가 느낀 감정에 대한 원인을 살펴보고 이해하는 과정을 거치면서 가능해졌습니다. 내 감정을 알아차리고 그 이면의 욕구나 의미를 생각해보는 활동은 달라지고 싶은 예전의 내 모습에서 벗어날 수 있는 힘이 되어주었습니다.

우리는 아이를 키우면서 또 다른 나, 그동안 알지 못했던 나를 만나게 됩니다. 아이만 잘 키우면 될 줄 알았는데 그게 아니란 걸 아이를 키우면서 깨닫게 됩니다. 부모가 된 우리에게는 관계에 미성숙한 혹은 해결하지 못한 과제를 가진 스스로를 인정하고 다독이는 시간이 필요합니다. 자신의 부족하고 나약한 면을 인정하고 받아들이는 과정을 통해 자신이 원하는 좋은 부모의 모습으로 한발 더 나아갈 수 있습니다.

우리가 해결해야 할 숙제

어렸을 때 내가 싫어했던 부모의 모습을 지금 아이들에게 그대로 행하고 있는 것은 아닌지 체크해볼까요? 만약 그것을 알아차리면, 의식하지 못한 채 그대로 대물림하고 있는 좋지 않은 양육 태도를 바꿀 수 있습니다.

다음 질문에 한번 답해보세요.

Q. 부모에게서 받고 싶었는데 받지 못한 것은 무엇인가요?

Q. 부모에게서 받기 싫었는데 받은 것은 무엇인가요?

Q. 나의 성격 특성 중 가장 달라지고 싶은 부분은 어떤 모습인가요?

Q. 나의 성격 특성 중 가장 마음에 드는 부분은 어떤 모습인가요?

Q. 배우자가 보는 나의 장점과 단점은 무엇인가요?

(내가 알아차리지 못한 것을 배우자는 알고 있습니다.)

아이를 낳는다고, 곧바로 책 속의 이상적인 엄마가 될 수는 없습니다. 수십 년을 그렇게 살지 않았는데, 아이로 인해 다르게 행동하려면 얼마나 많은 노력이 필요하겠어요? 엄마가 되었다는 자각이 단지 내가 이전과 다르게 살아야 한다고 끊임없이 자극을 주는 역할을 할 뿐, 실제로 내가 마음먹은 대로 행동하기 위해서는 부단한 노력과 의지가 필요합니다. 그래서 많은 부모님이 아이를 낳으면서 책도 읽고, 강의도 들으며 평생 최대의 자발성을 가지고 노력합니다.

내가 아이에게 하는 행동의 배경을 이해하면 멈추는 힘이 생깁니다. '나도 모르게' 행동이 먼저 나가는 것이 아니라 원하는 행동을 선택할 수 있게 됩니다.

화를 줄이고
말 습관을 바꾸기 위한
로드맵과 점검법

— 오늘도 화를 냈어요. 노력하는데도 늘 제자리인 것 같아 괴로워요.

— 아무리 노력해도 한번 화내는 순간 열심히 쌓은 성이 와르르 무너지는 것 같아 자괴감이 들고 허무해집니다.

— 저 높은 산꼭대기까지 한 발 한 발 내딛으며 노력해 힘들게 올라간 듯 싶었는데, 다시 산 아래로 추락하는 느낌이 듭니다. 몇 번이고 힘을 내서 다시 오르지만 이내 떨어지는 일이 몇 번 반복되고 나면, '나는 안 되나 봐. 나는 나쁜가 봐.'라는 결론에 다다르게 됩니다. 모를 때는 그냥 지나쳤지만 알면서도 못하니 자괴감과 좌절감이 들어 너무 괴롭습니다.

아이가 화를 낼 때, 아이에게 화가 날 때, 화가 나는 감정 자체는 문제가 되지 않습니다. 문제는 감정 조절이지요. 감정이 발생하는 횟수와 강도, 지속 시간을 적절하게 조절하지 못하는 것이 문제입니다. 즉, 자신의 의지와 상관없이 감정에 압도당해 통제력을 상실했다고 느낄 때 문제가 됩니다.

느리지만 변화는 반드시 온다

지난날 저는 제 의지와 상관없이 욱하고 후회하는 일이 많았습니다. 생각해보면 그렇게 화낼 일이 아니란 것이 더 큰 문제였습니다. 가족에게도 상처를 주었지만 저 역시 많이 아팠습니다. 저는 제 안의 화를 해결하기 위해 사방팔방으로 뛰어다니며 오랫동안 노력했습니다.

처음 시작한 것이 비폭력 대화였습니다. 당시 제가 살고 있는 대구에는 해당 강의가 개설되지 않아 주말마다 서울로 올라가곤 했습니다. 30대 초반의 미혼이었던 저는 중고등학생 자녀를 둔 학부모들 사이에서 비폭력 대화 수업을 들었습니다. 아이들이 6개월 혹은 1년간 부모와 말을 하지 않는 등 아이와의 관계가 극에 다다른 부모들 틈에서 제 나름의 절실함을 가지고 대화법을 익혔습니다. 그러면서 여러 강의와 책들도 섭렵했죠.

그러던 중 결혼을 하고 아이도 낳았습니다. 아이는 제 안의 화를 해결하고자 하는 데 강력한 동기가 되어주었지요. 아이가 어릴 때, 아이가 더 크기 전에 하루라도 빨리 문제를 극복하고 싶은 마음이 컸거든요.

배운 것을 삶에서 잘 실천하는 날도 있었고 그러지 못한 날도 있었습니다. 공부를 하고 나면 며칠간은 잘되는가 싶다가도 시간이 지나면 또 제자리였거든요. 많은 시간이 지나고 돈은 돈대로, 시간은 시간대로 들였는데 눈에 띄는 극적인 변화가 없다는 생각에 좌절감도 컸습니다. 옆에서 지지해주던 남편에게 미안한 마음도 커져갔고 죄책감마저 들었습니다.

하지만 그 지난한 과정을 돌이켜보면 1도에서 180도로 갑자기 바뀔 수는 없다는 것을 다시 한번 확인할 수 있었습니다. 어느 날은 그 자리에 있다가 어느 날은 1도 정도 움직이고, 어느 날은 10만큼 갔다가 다시 제자리이기도 했지만, 저는 분명 이전의 저보다 점점 나아지고 있었습니다. 그 과정을 겪을 때는 과연 내가 내 문제를 해결할 수 있을까 하는 불안감, 괜히 헛돈을 쓰고 시간을 낭비하는 건 아닌가 하는 걱정으로 공부를 계속해야 하는지 고민도 많았지요.

감정 조절 이행 로드맵

나도 모르게 화가 날 때는 화가 난 정도를 수치로 기록하는 작업이 유용합니다. 바로 분노의 강도를 확인하는 것입니다. 그와 함께 분노 게시판에 쓴 감정일기의 빈도를 확인하는 것도 좋습니다.

화를 100만큼 내다가 갑자기 0으로 멈출 수는 없습니다. 100에서 99, 98, 97, …. 이렇게 조금씩 나아지다가 어느 날 강도와 빈도를 적절하게 조절하게 되고, 화를 통제할 수 있는 범위 내로 끌고 들어

오게 되거든요. 화가 났을 때의 강도를 기록하고 화가 나는 빈도를 확인해보면 이런 불안감과 걱정을 덜 수 있습니다. 막연한 불안감에서 눈에 보이는 수치로 확인할 수 있습니다.

메모장이나 감정기록용으로 개설한 비공개 카페의 분노 게시판에 제목과 함께 강도를 기록해보세요. 예를 들어, '아이가 창문에 그림을 그렸을 때 — 90.'처럼요. 그럼 게시판 목록만 살펴봐도 내가 얼마만큼이 강도와 빈도로 화를 내고 있는지 그 변화를 한눈에 확인할 수 있습니다.

분노를 해결하기 위해 고군분투했던 저의 초창기 목표는 '화를 내지 않는 좋은 사람'이 되는 것이었습니다. 얼마나 비현실적인 목표인가요. 저는 산속에서 도를 닦는 도인이 되고픈 마음은 전혀 없었습니다. 직장을 다니며 가정을 꾸리고, 제가 하고 싶은 일을 하면서 사람들과 관계를 맺으며 살고 싶었습니다. 하지만 갈등을 겪을 때마다 감정적으로 힘들었던 저는 전혀 갈등을 느끼지 않는 사람, 갈등에 초연한 사람이 되고 싶다는 비합리적인 목표를 잡은 것입니다. 그 이면에는 '화를 내는 것은 나쁜 거야.'라는 오해도 있었습니다. 그래서 시작부터 고달팠지요. 실현 불가능한 목표였으니까요.

'화를 내지 않는 좋은 사람'이라는 비합리적인 목표는 부정적인 감정을 회피하거나 억압하다가 더 이상 통제할 수 없을 때 나도 모르게 버럭하고 터뜨리고 마는 화 패턴을 반복하게 만들었습니다.

감정을 기록해보고 화를 알아차리는 연습을 하면서 기존 패턴에 변화가 생겼습니다. 화가 난 원인을 살펴봄으로써 화를 줄일 수 있었습니다. 그리고 화를 내야 할 때 지나치게 억누르다 터지는 바람에 제대로 자기표현을 하지 못하던 이전과 달리 내가 원하는 바를 적극 주장할 수 있는 힘을 키울 수 있었습니다.

이러한 우여곡절을 겪으며 저는 분노를 조절하기 위한 로드맵을 다음과 같이 마련했습니다. 이 과정은 이 책 전체에 걸쳐서 제가 드린 말씀을 정리하여 담고 있습니다.

합리적 목표 설정	화가 나면 화를 낼 수 있다. 다만 어떻게 표현하는지가 중요하다. 즉, 화를 내지 않는 것이 아니라 화를 제대로 내는 것이 목표다.
↓	
감정에 대한 올바른 이해	부정적인 감정은 잘못된 게 아니다. 감정은 나에게 정보를 준다. 내게 중요한 것이 무엇인지, 내가 지금 무엇을 원하는지에 대한 정보를 얻을 수 있다.
↓	
감정 해소	감정은 참는다고 없어지지 않는다. 관계를 해치지 않고 효율적으로 문제를 해결할 힘을 얻기 위한 사전 활동, 즉 건강하게 감정을 해소하는 방법을 익히고 나만의 감정 조절 처방을 확장한다.
↓	
언어 습관 체크 대화법 연습	내가 어떤 언어를 주로 사용하고, 어떤 방식을 많이 사용하는지 점검한다. 우리가 살아오면서 익힌 대화법과 다른 공감 대화법은 반드시 익혀 연습한다.

↓

내 안의 비합리적인 생각을 알아차리는 것을 비롯해 아이의 감정과 욕구를 읽어 반영해주고, 내가 원하는 것에 초첨을 맞춰 말하는 방법을 익히는 데는 많은 노력과 의지가 필요하고 시간도 걸릴 거예요. 하지만 분명한 건, 이런 부모의 모습을 보고 자라는 아이는 자연스럽게 그런 태도를 습득하고, 수준 높은 공감 능력과 문제 해결 능력을 갖추게 될 것입니다. 부모는 많은 시행착오와 좌절을 경험하며 힘들게 익힌 것들을 아이는 한결 쉽게 습득할 수 있고, 자신의 감정을 건강하게 다루게 될 것입니다. 아이에게 더없이 값지고 귀한 정신적 유산을 물려주는 셈이지요.

따라서 노력할 만한 가치가 충분하다고 확신합니다.

포기하지 않고 계속 노력할 수 있는 힘 :
자신을 미워하지 않는 마음

새로운 좋은 습관을 익히고 이어가는 것은 단순히 의지의 문제가 아닙니다. 다시 옛 습관을 반복했을 때 좌절감을 느끼거나 자기비

판을 하면 스트레스의 원천이 되고, 스트레스를 받으면 내가 원하는 대로 말하고 행동하기가 더 어려워집니다. 자신의 감정과 욕구를 들여다보고 스스로를 지지하고 공감해주는 활동을 함께해야 합니다. 그러면 우리는 시간이 걸리고 노력이 필요한 이 과정에서 지치거나 불안에 휘둘리지 않고 계속 나아갈 수 있습니다.

하지만 때때로 자신이 미워질 때도 있을 거예요. 많은 사람이 자신이 원하는 속도로, 원하는 만큼 충분히 변화를 이루지 못했다고 느낄 때 자신을 너무 가혹하게 비난합니다. 그때는 이 말을 기억해주세요.

"자학하려면 깃털로 하라. 몽둥이로 하지 말고."

현실을 있는 그대로 인정하고 스스로를 용서하는 법을 배우는 과정을 담고 있는 감동 실화 영화 〈돈 워리〉에 나오는 대사입니다. 변화가 느려 자신이 미워지고 싫어질 때, 자학은 깃털로 하세요. 몽둥이로 하지 말고요. 통찰은 쉽지만 변화의 과정은 어렵습니다. 당연한 이치입니다. 내가 못나서가 아니라, 누구나 그렇습니다.

CHAPTER 6

,,,,,,,,,,,,,,,,,,,,,,,

아이에게 상처주지 않고
현명하게 화내는 법

부모가 화를 낼 때
놓치고 있는 것

제가 그동안 진행한 200여 건의 고민 상담을 분석해보았습니다.
상황은 제각각 달랐지만, 부모님들의 반응과 고민은 대체로 비슷했
습니다.

o 오늘 너무 화가 나서 아이한테 소리도 지르고 안아달라는 아이
   를 옆으로 밀어내기도 했어요.

o 아이에게 짜증 섞인 말투로 얘기하는 걸 어떻게 하면 멈출 수
   있을까요? 특히 부부싸움을 하면 그 화를 아이한테 풉니다.

o 전 힘들어 진이 빠지면 그 순간부터 아이가 잠들 때까지 계속
   예민해지고 화가 나요. 그래서 그냥 넘어가도 될 일에 짜증 냅
   니다. 아이가 잘 때 다시 생각하면 미안한데…. 같은 일이 반복
   돼 괴로워요.

○ 목소리 깔고 무섭게 얘기하면 제 말을 잘 들어 그 상황은 넘기는데, 아이가 스트레스 받거나 마음에 쌓아두는 건 아닌지 걱정됩니다.

부모님들이 화를 내는 방식은 2가지로 모아졌습니다.

○ **비난형**

"너 때문에 내가 힘들어 죽겠어. 떼 좀 쓰지 마. 왜 이렇게 짜증 나게 해!"

○ **협박형**

"이거 안 하면 간식 안 준다.", "앞으로 키즈 카페 안 갈 거야.", "엄마 혼자 간다."

부모님들이 놓치고 있는 2가지도 발견할 수 있었습니다.

1. 아이의 부정적인 행동에 대한 지적만 있고, 아이가 어떻게 다르게 해야 할지 안내가 없다.

2. 아이가 화가 나면 때리고 밀고 싶은 마음이 생긴다는 것을 인정하지 않는다.

아이를 키우다 보면 화가 날 때도 있습니다. 아이를 어르고 달래다 결국 소리를 지르며 화낼 수 있습니다. 이때 아이를 비난하고 상처 주는 방식이 아니라 내게 중요한 것이 무엇인지, 그것이 충족되지 않아 내가 지금 어떤 마음인지를 전달할 수 있으면 됩니다. 지금 이 순간, 나의 감정과 그 밑 마음에 초점을 맞춰 내 마음을 표현하면 됩니다.

결국 아이에게 상처 주지 않고 화내는 방법은 자기표현을 어떻게 하느냐에 달려 있습니다.

내가 원하는 표현을 하기 위해서는 우선 내 마음부터 잘 돌볼 수 있어야 합니다. 내 안의 부글거리는 감정을 돌보지 않으면 아이의 감정을 담아줄 수 없고, 아이를 비난부터 하기 쉽거든요. 내 것을 잘 비워야 아이의 것을 담고 되돌려줄 수 있습니다. 그러면 그동안 놓치고 있었던 2가지도 잘 반영할 수 있습니다.

장난감 사지 않기로 한
약속을 어길 때

〈상황〉

"오늘은 정말 안 돼! 마트 가서 장만 봐서 올 거야."

"응."

"약속해."

"응, 약속해."

아이와 절대 장난감을 사지 않겠다고 굳게 약속하고 마트로 향했어요. 하지만 아이는 장난감 코너 앞을 지나면서 장난감을 사달라고 떼를 쓰다 결국 드러눕기까지 했습니다.

〈이전 방식으로 화내는 것〉

"너 놔두고 엄마 혼자 간다."

232

"아까 장난감 사지 않는다고 약속했잖아. 너 왜 약속 안 지켜!"

"다시는 안 데리고 올 줄 알아!"

<table>
<tr><td>

아이의 마음

- 감정 : 화나는, 속상한
- 밑 마음(욕구) :
  저 장난감을 가지고 재밌게 놀고 싶다.
  내가 얼마나 저 장난감을 갖고 싶어 하는지
  엄마가 알아줬음 좋겠어.
  재미, 즐거움, 이해, 소통, 수용

</td><td>

엄마의 마음

- 감정 : 속상한, 화나는,
  실망스러운, 민망한
- 밑 마음(욕구) :
  약속을 잘 지켜줬으면 좋겠다.
  신뢰, 존중, 배려, 지지, 협력,
  도움, 이해, 소통

</td></tr>
</table>

〈나의 마음에 초점을 맞춰 화를 표현(전달)하는 것〉

"네가 재밌게 놀고 싶어서 저 장난감을 갖고 싶어 하는 건 잘 알아. 하지만 오늘은 장난감을 사는 날이 아니야. 장난감을 사고 싶다고 계속 떼를 쓰면 엄마는 당장 집으로 돌아갈 거야."

"너 놔두고 엄마 혼자 간다!"는 현실적으로 일어날 확률 0%의 말이지요. 지키지 못할 말은 처음부터 하지 않는 것이 좋습니다. 부모 말에 대한 신뢰도만 떨어뜨릴 뿐이거든요. 물론 처음에는 먹힐 수 있습니다. 자신을 놔두고 부모 혼자 간다고 하니, 아이는 자신의 고집을 꺾을지도 모릅니다. 하지만 한두 번 같은 상황이 반복되고 나면 웬만해서는 엄마가 자신을 두고 가지 않는다는 것을 눈치로 알게됩니다.

이럴 땐 집을 나서기 전에 규칙을 정하는 것이 중요합니다. 막상 상황이 시작되고 나면 엄마의 마음에 여유가 없거나 주변 상황 때문에 차근히 대응하기가 어려우므로 집을 나서기 전에 아이에게 규칙을 알려주세요.

"오늘 마트에 가서 장을 봐올 거야. 장난감을 사달라고 하면 바로 집으로 돌아올 거야."

그리고 아이가 장난감을 사달라고 떼를 쓰면 규칙을 상기시키고, 아이가 계속 고집을 부린다면 당장 집으로 돌아와야 합니다. 사려던 것을 다 사지 못했더라도 그런 조치를 할 필요가 있습니다.

시간에 쫓겨
등원 준비를 해야 하는데
꾸물거릴 때

〈상황〉

외출 준비를 할 때마다 화를 내게 됩니다. 빨리 나가야 하는데 옷도 입지 않고 "이 옷 아니야. 이거 안 입어. 이거 싫어!"라고 떼를 쓰고, 억지로 옷을 입히려고 하면 달아나버려요.

저는 출근 시간이나 약속 시간에 늦지 않고 싶은데, 아이가 매번 떼를 쓰는 이 상황이 정말 화가 나요.

〈이전 방식으로 화내는 것〉

"빨리 안 해?"

"10 셀 때까지 똑바로 안 하면 장난감 다 버린다."

"옷 똑바로 입지 않으면 이제 간식 안 준다."

"엄마가 도대체 몇 번 이야기해!"

"제발 아침에 떼쓰지 마. 엄마 화내기 싫어. 너 때문에 지각해 엄마 회사에서 쫓겨나면 좋겠어?"

"안 갈 거면 집에 혼자 있어. 엄마 혼자 갈 거야!"

아이의 마음	엄마의 마음
• 감정 : 재미있는, 즐거운	• 감정 : 속상한, 화나는, 초조한, 조급한
• 밑 마음(욕구) :	• 밑 마음(욕구) :
내가 하고 싶은 대로 하고 싶다.	늦지 않게 시간에 맞춰 나가고 싶다.
자율성, 편안함	다른 사람과의 약속을 잘 지키고 싶다.
	신뢰, 존중, 배려, 지지, 도움,
	협력, 공감, 이해, 수용, 편안함, 여유

〈나의 마음에 초점을 맞춰 화를 표현(전달)하는 것〉

"엄마는 회사에 제 시간에 가는 게 중요해. 아침에 늦어져서 지각하면 너무 속상하고 화도 나."

"엄마는 다른 사람과 한 약속이 중요하거든. 준비가 늦어져서 약속에 늦게 될까 봐 걱정되고 초조해서 화가 나."

대체로 등원 준비(아침 먹기, 씻기, 옷 입기 등)처럼 시간에 쫓길 때 몇 번을 말해도 아이가 듣지 않으면 화가 납니다. 그런데 화나고 속상하고 또 슬플 때 어떻게 감정을 표현하는지도 아이에게 중요한 배움이 됩니다.

우리는 말하는 강도와 어조를 통해 화가 났음을 전달할 수 있습니다. 아이를 비난하는 방식이 아니라 내가 중요하게 여기는 것이 무엇인지 알려주고 그것이 충족되지 않아 화가 났음을 전달하는 것이 중요합니다.

"엄마는 제시간에 출근하는 게 중요한데, 아침에 준비한다고 늦어져서 지각하게 됐어. 그래서 너무 속상해."라고 말씀해보세요. 그리고 "엄마는 늦지 않고 제시간에 회사에 가고 싶어. 그러기 위해서는 OO가 엄마를 도와줘야 해."라고 부탁하세요.

그다음에는 그 도움에 대한 구체적인 행동을 아이와 대화로 정하세요. 내일 입을 옷을 함께 찾아놓고, 그걸 다음 날 입기로 하는 등의 대안을 아이와 함께 만들어보세요. 아이는 일방적으로 정해진 규칙보다는 자신이 참여해서 만든 규칙을 더 잘 지키려고 하거든요.

조건을 달아 이야기하는 건 아이가 어떤 습관이나 규칙을 내면화하기도 어렵게 하고, 또 아이가 점점 클수록 그 영향력이 작아집니다. 처음에는 엄마가 조건을 제시했지만, 점점 아이가 조건을 달아 요구하는 일이 생기게 됩니다. 아이가 어릴 때는 아이가 좋아하는 간식을 조건으로 달아 어떤 행동을 하거나 하지 않게 할 수 있지만, 점점 크면 그 조건이 아이의 행동을 이끌어낼 만한 것으로 바뀌어야 할 거예요. 그리고 아이를 위해 아이 스스로 해야 할 행동임에도 "엄마가 무엇무엇을 해주면 내가 할 거야."라는 식이 될 수도 있습니다.

즉, 엄마가 제시하는 조건이 마음에 들지 않으면 하지 않게 되고, 자신의 마음에 드는 조건이 충족되어야 움직이는 경우가 발생할 수 있기 때문에 조건을 다는 표현은 줄여야 합니다.

규칙을 지키지 않고 고집부릴 때

〈상황〉

아이가 미끄럼틀 아래에서 위로 거꾸로 올라타며 놀고 있었어요. 위에서 어떤 아이가 내려오려고 기다리는데 그걸 본 제 아이가 막아서는 거예요. 그래서 제가 아이에게 "비켜줘야지." 했더니 아이가 "엄마 미워! 나빠!" 이러는 거예요.

연거푸 비켜주라고 했는데도 아이는 고집을 부리며 미끄럼틀 밑에서 버티고 서 있더라고요.

〈이전 방식으로 화내는 것〉

"친구가 내려오려고 하잖아. 얼른 비켜!"

"너 엄마 말 계속 안 들으면, 이제 미끄럼틀 못 타게 할 거야!"

아이의 마음	엄마의 마음
• 감정 : 억울한, 화나는, 부당한	• 감정 : 걱정되는, 불안한, 초조한, 속상한
• 밑 마음(욕구) :	• 밑 마음(욕구) :
내가 먼저 여기서 놀고 있었어.	아이가 친구들과 차례를 지키면서
내 차례야.	안전하게 놀았으면 좋겠다.
재미, 즐거움, 이해, 수용, 지지	안전, 배려, 이해, 수용, 우정,
	공동체, 자기 보호

〈나의 마음에 초점을 맞춰 화를 표현(전달)하는 것〉

"엄마는 네가 다치지 않고 안전하게 노는 게 제일 중요해! 엄마 옆으로 와."

"엄마한테 오지 않으면, 네가 다치지 않도록 엄마가 데리고 나올 거야."

아이가 미끄럼틀을 거꾸로 타는 행동을 눈감아준 후에 다른 친구가 왔으니 비키라고 하면 아이는 수용하기가 어렵습니다. 아이 입장에서는 억울하고 화가 나 "엄마, 미워! 나빠!"라고 한 것이죠. 아이는 이랬다저랬다 하는 엄마 행동에 혼란스럽기도 합니다. 그러니 미리 알려주는 것이 매우 중요합니다.

"미끄럼틀은 위에서 아래로 타는 거야. 위에서 아래로 타는데 거꾸로 올라가면 다른 친구와 부딪쳐 다칠 수 있거든. 하지만 지금은 아무도 없고 엄마도 옆에 있으니깐 잠깐 거꾸로 탈 수도 있어. 그렇지만 다른 친구가 미끄럼틀을 타러 오면 바로 비켜주는 거야, 그렇게 할 수 있겠어?"

이와 같은 규칙을 미리 알려주었음에도 불구하고 아이가 비키지 않고 고집을 부린다면 어떻게 해야 할까요?

아이와 다른 친구들의 안전에 위협이 될 수도 있는 행동은 분명 잘못된 행동이기 때문에, 이럴 때는 아이의 마음을 공감해주기보다는 규칙을 다시 한번 안내하고 통제하는 것이 먼저입니다.

만약 그래도 아이가 고집을 부리고 울고불고 떼를 쓴다면 어떻게 해야 할까요?

"엄마한테 오지 않으면, 네가 다치지 않도록 엄마가 데리고 나올 거야."라고 말한 대로 아이를 데리고 안전한 곳으로 이동합니다. 그런 다음 아이가 진정되면 아이의 마음을 먼저 알아준 후 다시 한번 규칙을 안내해주세요. 아이가 사회적 약속을 배울 수 있도록요.

장난으로라도
때릴 때

⟨상황⟩

아이를 재우려고 누워 있는데 아이가 자꾸 장난치듯 엄마를 때리고 발로 찹니다. "이러면 엄마 아파! 호~ 하고 사과해!"라고 하면, 예전에는 "호~ 하고 미안~." 하던 아이가 이젠 즐거운 듯 웃기만 하네요. 계속 이러다가 밖에 나가 친구들도 때릴까 봐 걱정됩니다.

⟨이전 방식으로 화내는 것⟩

"아야! 엄마 때리면 안 돼!"

"너 한 번만 더 그러면 엄마도 똑같이 때릴 거야."

"엄마를 때리는 건 나쁜 행동이야, 어느 누구도 때려선 안 돼, 엄마는 지금 아주 많이 화가 났어."

"때리지 말랬지! 때리지 말라고!"

<table>
<tr><td>아이의 마음</td><td>엄마의 마음</td></tr>
</table>

아이의 마음

• 감정 : 재미있는
• 밑 마음(욕구) :
  엄마랑 더 놀고 싶다.
  엄마가 좋다.
  자기 표현, 쾌락, 흥분, 즐거움, 재미,
  친밀한 관계, 유대, 소통, 연결

엄마의 마음

• 감정 : 당황한, 화나는
• 밑 마음(욕구) :
  아이와 안전한 방식으로 편안하게
  놀고 싶다. 내 몸도 소중하다.
  자기 보호, 안전함, 편안함,
  존중, 배려, 이해, 평화

〈나의 마음에 초점을 맞춰 화를 표현(전달)하는 것〉

"손으로 엄마 얼굴을 이렇게 치고(행동 묘사), 발로 엄마 몸을 이렇게 치면(행동 묘사) 엄마는 너무 아파."

"○○가 소중하듯이 엄마도 소중해."

겉으로 보이는 것은 '때리는' 행동 하나지만, 그 행동을 하는 이면의 욕구는 상황마다 다를 수 있습니다. 이때 아이의 욕구는 '놀이', '재미'일 수 있습니다. 엄마와의 친밀한 관계를 원하는 마음을 그렇게 표현하기도 하거든요. 재밌어서 하는 건데, 재밌는 걸 못 하게 하는 엄마의 말을 아이 입장에서는 이해하기가 쉽지 않습니다. 어린아이는 다른 사람의 입장에서 이해하고 공감하기가 어렵거든요. 자신은 재밌는데 왜 엄마는 아픈지 이해하지 못해요. 내가 재밌으면 다른 사람도 자신과 똑같이 재밌을 거라고 여깁니다.

따라서 "내가 안 된다고 몇 번을 말했는데 왜 자꾸 그러는 거야!" 대신 "엄마랑 놀고 싶어? 엄마한테 (행동 묘사)발로 이렇게 하는 게 재밌는 거야?" 하고 아이의 마음을 먼저 인정해주세요. 그러고 나서 엄마가 하고 싶은 말을 해주세요.

엄마를 손으로 이렇게 하고, 발로 이렇게 하는 건(아이의 행동을 관찰해서 설명해주세요) 엄마가 아프니 그 대신 어떻게 행동하면 좋겠다고, 아이한테 다른 대안을 제시해보세요.

발로 차는 행동을 아이의 의지에 기대 바로 바꾸기는 어려우니, 인형이나 쿠션을 아이 발밑에 두고 그걸 차게 하는 등의 대체할 수 있는 방법을 마련해보세요. 아이가 어릴 때는 아이의 감정과 욕구를 찾아 대신 표현해주고 그걸 충족시킬 수 있는 대안을 찾아주어야 문제가 해결됩니다.

형제가 싸울 때

〈상황〉

형이 만든 블록 장난감을 동생이 들고 갔어요. 형이 달라고 하는데 동생이 주지 않으니까 동생을 때리고 다시 뺏어갔어요. 때리지 말라고 몇 번을 말했는데도 동생을 또 때리는 걸 보니 화가 나더라고요.

〈이전 방식으로 화내는 것〉

"왜 때려? 동생 때리면 어떡해? 동생 때리지 말고 엄마한테 도와 달라고 해야지!"

"그렇게 다른 사람 아프게 할 거야?"

"다른 사람 아프게 할 거면 혼자 놀아."

"사과해! 미안하다고 말하고 동생 안아줘."

"싸우지 말고 사이좋게 지내라고 내가 몇 번을 말했어!"

형의 마음

- 감정 : 억울한, 화나는, 슬픈, 외로운
- 밑 마음(욕구) :
  억울해. 먼저 잘못한 건 동생인데.
  이해받고 싶어.
  내 마음을 알아줬음 좋겠어.
  자기 보호, 인정, 공감, 이해, 지지, 수용

동생의 마음

- 감정 : 억울한, 속상한, 슬픈, 외로운, 심심한
- 밑 마음(욕구) :
  형이랑 같이 놀고 싶어서 그런 건데
  형은 내 마음도 몰라주고.
  재미, 놀이, 인정, 공감, 이해, 지지, 수용

엄마의 마음

- 감정 : 속상한, 슬픈, 화나는
- 밑 마음(욕구) :
  아이들이 다치지 않고 건강하게
  자랐으면 좋겠다. 형제가 서로
  사이좋게 잘 지냈으면 좋겠다.
  안전, 우애, 사랑, 신뢰,
  존중, 소통, 배려

〈나의 마음에 초점을 맞춰 화를 표현(전달)하는 것〉

"네가 동생을 때리는 걸 봤을 때, 엄마는 깜짝 놀랐어. 엄마는 너와 동생 모두가 다치지 않고 안전하게 잘 크는 게 중요하거든. 무슨 일이야?"

너무 놀라 다른 말이 생각나지 않는다면 "무슨 일이야?"라고 먼저 물어보세요.

↓

아이들이 얼마나 사이좋게 잘 지내는가는 부모의 중재에 달려 있습니다.

큰아이가 동생을 때리는 순간만 보고 "너 왜 동생 괴롭혀? 왜 또 동생 때려! 엄마가 그러지 말라고 했잖아!"라고 일방적으로 큰아이에게 추궁하듯 말하면 아이는 억울함을 느끼게 됩니다. 이런 아이의 마음은 몰라주고 잘못만 지적하면, 큰 아이는 다음에 화가 났을 때 동생을 때리지 않는 방법을 찾기보다는 엄마에게 들키지 않고 동생을 때리는 방법을 찾게 될 것입니다.

아이의 말을 먼저 들은 뒤 그 마음을 공감해주고 나서는 '때리는 행동' 대신 어떻게 하면 좋을지 의논해보세요. 자신이 원하는 것을 지키기 위해서 폭력적으로 물리적인 힘을 사용하는 것이 아니라, 어떻게 자기주장을 할 수 있는지 그 방법을 구체적으로 알려주세요.

"이건 내가 먼저 가지고 놀고 있었어. 돌려줘."

"이 블록은 지금 내가 만지고 있는 중이었어. 만지고 싶으면 기다려야 해."

그래도 끝내 동생이 블록을 돌려주지 않아 부모의 중재가 필요할 때는 어떤 식으로 요청하면 되는지도 구체적으로 알려주세요.

"그럴 때는 '엄마, 동생이 내 블록을 허락 없이 들고 갔는데, 달라고 해도 안 줘서 화가 나요. 엄마가 도와주세요.'라고 말해줄래?" 하고요.

동생에게도 형과 놀고 싶거나 형의 블록을 만지고 싶을 때는 어떻게 말하면 좋을지 사회적 기술을 알려줍니다.

"형이 만든 블록을 만져보고 싶을 때는 형에게 '나도 그거 가지고 놀고 싶어', '다 만지고 나면 나한테 알려줄래?'라고 하거나 '이거 만져봐도 돼?'라고 물어보는 거야." 하고요.

조금만 피곤해도 짜증내고
투정을 부릴 때

〈상황〉

저희 아이는 조금만 컨디션이 나빠도 짜증과 신경질을 많이 내요. 어릴 때부터 다섯 살인 지금까지 조그만 일에도 징징거리니 저도 화가 많이 나요. 그럴 때마다 아이한테 더욱 심한 말을 하고 있는 것 같아서 자제하려고 노력하지만 저 역시 사람인지라 잘 안 돼요.

〈이전 방식으로 화내는 것〉

"왜 또 짜증이야! 짜증내지 말고 똑바로 말해."

"넌 매번 징징대니까 이제부터 징징이야!"

- 감정 : 서운한, 슬픈, 외로운
- 밑 마음(욕구) :
  내가 말하지 않아도 엄마가 내 마음을
  알아주고 이해해줬으면 좋겠어.
  공감, 이해, 인정, 배려, 존중, 수용

- 감정 : 화나는, 짜증나는,
  속상한, 답답한
- 밑 마음(욕구) :
  뭐가 문제인지 아이가 자기 마음을
  말로 표현해주면 좋겠다.
  그러면 내가 어떻게 해야 할지, 어떤
  도움을 줄 수 있을지 찾기 쉬울 텐데.
  지금은 그러지 못해 많이 아쉽다.
  소통, 사랑, 존중, 신뢰, 배려, 공감

〈나의 마음에 초점을 맞춰 화를 표현(전달)하는 것〉

"엄마는 네가 무슨 말을 하는지 잘 알아듣고 싶어. 너의 원래 목소리로 이야기해줘."

피곤하거나 몸이 좋지 않은 경우 아이들은 쉽게 짜증을 내거나 투정을 부립니다. 아이의 기질상 유독 반복되는 상황이 있다면 예방할 수 있는 방법을 찾는 노력이 필요합니다. 아이가 피곤할 때 짜증과 신경질이 잦다면, 아이의 신체적 욕구를 잘 돌볼 수 있는 환경을 만들어주는 것이 중요합니다.

그리고 아이가 자신의 욕구를 돌보기 위해 어떤 요청을 할 수 있는지를 알려주세요. "앞으로 피곤하고 힘들면 '엄마 나 오늘 많이 피곤하고 힘들었어. 안아줘.'라고 말하거나 '좀 누워 있고 싶어.'라고 말하는 거야. 어때, 지금 한번 해볼래?"라고요.

아이도 자신의 욕구가 충족되지 않았을 때 짜증 내거나 투정을 부리는 대신 '말'로 자신이 필요하거나 원하는 것을 표현할 수 있다는 걸 배우게 됩니다.

TV를 계속
보려고 할 때

〈상황〉

제가 저녁 준비를 하는 동안만 보고 식사 시간에는 *끄*자는 약속을 하고 아이에게 TV 만화를 보여줬어요. 그런데 식사가 시작되었는데도 아이가 TV를 *끄*지 않고 의자에 서서 먹으면서 TV를 보는 거예요. 저는 TV를 *끄*고 바른 자세로 식사하자고 좋은 말로 달랬어요. 그래도 계속 장난치며 말을 듣지 않아 결국 밥 먹지 말라며 밥그릇을 치우고 얼굴 표정과 목소리에 화를 담아 혼냈어요.

〈이전 방식으로 화내는 것〉

"밥 먹을 때는 TV *끄*라고 했지!"

"밥 먹을 때 자꾸 돌아다니면 안 되지. 앉아서 밥 먹어."

"왜 하지 말라는 걸 자꾸 해서 엄마 힘들게 하는데!"

아이의 마음

• 감정 : 서운한, 외로운, 속상한
• 밑 마음(욕구) :
보고 있던 TV 만화가 재밌어서
더 보고 싶어.
가만히 앉아 있는 게 너무 힘들어.
몸이 저절로 움찔거리는걸.
엄마가 내 마음을 알아줬으면 좋겠어.
재미, 즐거움, 편안함, 이해, 배려, 존중

엄마의 마음

• 감정 : 속상한, 화나는,
시끄러워 정신없는
• 밑 마음(욕구) :
아이가 약속을 잘 지켰으면 좋겠고,
다 같이 식탁에 앉아서
이야기하며 밥을 먹고 싶다.
소통, 사랑, 존중, 신뢰, 이해,
지지, 공감, 협력, 도움

〈나의 마음에 초점을 맞춰 화를 표현(전달)하는 것〉

"엄마는 다 같이 식탁에 앉아서 밥을 먹고 싶어. 그래야 OO랑 엄마, 아빠가 얼굴 보고 이야기하며 먹을 수 있잖아."

↓

1. "만화를 보다가 밥을 먹을 땐 끄자."는 약속보다는 "만화 한 편 보고 끄기."라고 정해보세요. 한창 재밌게 보다가 중간에 끄는 건 아이 스스로 통제하기 힘든 부분입니다. 입장을 바꿔 아주 재밌게 드라마를 보고 있는데, 밥을 먹기 위해 TV 끄고 식탁 앞에 앉아야 한다면 저라도 많이 아쉬울 것 같아요. 어른은 아쉬움을 뒤로하고 식탁에 앉을 수 있지만 아이는 어렵습니다. 그러니 아이가 약속을 잘 지킬 수 있도록 아이의 한계를 고려해 규칙을 정해주세요.

2. 원하지 않는 상황에 대한 지적 대신 원하는 상황에 대해서 구체적으로 언급해주세요.

"돌아다니면서 밥 먹지 마." 또는 "바른 자세로 식사하자"라는 말 대신 "자리에 앉아서 밥 먹자."로 말해주세요.

3. 꾸짖을 때는 엄마의 욕구(원하는 것)를 말해주세요.

"엄마는 다 같이 식탁에 앉아서 밥을 먹고 싶어. 그래야 OO랑 엄마, 아빠가 얼굴 보고 이야기하며 먹을 수 있잖아."

아이의 잘못된 행동에 대한 지적 대신 엄마의 욕구, 원하는 상황에 대해서 언급하는 것은 아이가 하지 말아야 할 행동 대신 '어떤 행동을 해야 할지 구체적인 가이드라인'을 제시합니다. 아이들이 잘못된 행동인 줄 알면서도 그렇게 하는 것은 그 행동 대신 어떻게 해야 하는지를 잘 모르기 때문인 경우가 많거든요.

나는 아이에게
다 맞춰주는데
아이는 그렇지 않아
억울할 때

〈상황〉

둘째 때문에 많이 놀아주지 못한 게 미안해서 모처럼 둘째를 맡기고 첫째와 외출을 했어요. 아이가 떼를 써 유모차를 갖고 나갔는데 유모차는 타지 않고 계속 업어달라는 거예요. 할 수 없이 가방을 든 채 아이를 업고 유모차까지 밀려니 너무 힘들어서 버럭했어요. 내 상황을 몰라준다는 생각도 들고, 요즘 바깥놀이를 통 못 해서 아이가 살도 찌고 키가 털 큰 것 같아 나온 건데 걸으려고 하지 않으니 더 화가 나기도 했어요.

〈이전 방식으로 화내는 것〉

"넌 왜 엄마 상황도 모르고 자꾸 모든 걸 네가 하고 싶은 대로 해!

걸어가!"

"난 항상 너에게 뭐든 맞춰주는데 넌 왜 엄마한테 더 무리한 요구만 하니! 너무하잖아."

아이의 마음

- 감정 : 피곤한, 힘든
- 밑 마음(욕구) :
  걷기가 힘들어. 재미없어.
  집에 가고 싶다.
  휴식, 재미, 편안함, 이해, 지지,
  배려, 공감, 인정, 사랑, 존중

엄마의 마음

- 감정 : 피곤한, 힘든, 서운한, 섭섭한
- 밑 마음(욕구) :
  아이가 유모차를 타든지
  잘 걸어줬으면 좋겠다.
  짐도 많은데 업어달라고 하니
  내 몸이 너무 힘들어.
  내가 이렇게 애쓰는데
  몰라줘서 서운하다.
  감사, 기여, 인정, 사랑, 존중,
  소통, 이해, 지지, 배려, 협력, 공감,
  수용, 휴식, 편안함

〈나의 마음에 초점을 맞춰 화를 표현(전달)하는 것〉

"엄마가 너무 피곤하고 힘이 없어서 너를 업어주기가 힘들어."

아이를 위한 멋진 계획을 짜서 외출했는데 아이의 반응이 부모의 기대와 다를 때가 많습니다. 아이가 좋아할 거라는 예상과 달리 징징거려 지칠 때가 있지요. 아이와 부모의 관점이 다르기 때문이에요. 일부러 걸을 기회를 만들어 운동을 시키고 싶은 엄마 마음은 이해가 됩니다. 하지만 아이들은 신나게 잘 뛰어놀다가도 이제 집에 가자고 하면 "다리 아파, 업어줘, 안아줘."라고 하지요. 그러다 다시 놀라고 하면 언제 다리가 아팠냐는 듯 신나게 다시 잘 뛰어놀고요.

아이를 위한 외출에서는 엄마의 관점이 아니라 아이의 눈높이에 맞춰주세요. 아이들에게 '놀이'는 힘이 들지 않고 즐거운 일이지만, '걷는 것'은 힘든 일이거든요. 그리고 몸이 힘들어도 아이를 위해 노력하는 내 마음을 아이가 몰라준다는 생각이 들면 서운해지고, 서운함이 화로 나타날 때도 있지요. 지금 내 몸이 힘들어서 그렇다는 걸 알아차리면 잠깐 근처 놀이터나 카페에서 쉬었다 가는 대안도 쉽게 떠올릴 수 있습니다.

놀다가 집에 들어가야 하는 시간인데도 놀이터에서 계속 놀겠다고 고집부릴 때

〈상황〉

놀이터에서 놀다가 집에 들어갈 시간이 되어 가자고 하면 안 간다고 떼쓰며 소리를 질러요. 아이가 소리 지르는 게 너무 참기 힘들어요. 말로만 해서는 아이를 통제하기 어렵고, 인내심을 발휘하는 데도 한계가 있어요.

〈이전 방식으로 화내는 것〉

아이를 힘으로 잡아끌면서 집에 가자고 소리 지른다.

아이의 마음	엄마의 마음
• 감정 : 아쉬운, 속상한	• 감정 : 화나는, 불안한, 초조한
• 밑 마음(욕구) :	• 밑 마음(욕구) :
놀이터에서 더 놀고 싶다.	집에 가자고 하면
마음껏 놀고 싶다.	바로 따라왔으면 좋겠다.
지금 가려니 너무 아쉽다.	저녁 준비도 해야 하고,
재미, 즐거움, 흥분, 자유	할 일이 많아서 마음이 바쁘네.
	존중, 배려, 이해, 협력, 도움,
	지지, 인정, 안정성

〈나의 마음에 초점을 맞춰 화를 표현(전달)하는 것〉

"이제 저녁 먹을 시간이야. 엄마 저녁 준비해야 해서 집에 들어가야 해!"

"엄마는 식사 준비를 제때 마치고 싶어! 그러기 위해서는 지금 집에 가야 해."

아이들에게도 예측 가능성은 중요합니다. 놀고 있는데 갑자기 집에 들어가야 한다고 말하면 그것을 수용하기가 매우 어렵습니다. "이제 미끄럼틀 열 번 타고 집에 갈 거야."처럼 아이가 이해할 수 있는 방식으로 집에 들어가야 하는 시간을 놀이 시작 전과 중간에 미리 알려주세요.

아이가 소리 지르고 떼를 쓰는 것은 그만큼 더 놀고 싶다는 자기 표현입니다. 아이의 마음을 알아주지 않을수록 아이의 표현은 더 강해지고 더 거칠어집니다. 아이의 마음을 알아주는 다음의 말들을 연습해보세요.

"놀이터에서 노는 게 너무 재밌어서 더 놀고 싶다는 거 알아."

"여기서 미끄럼틀이랑 그네를 타고 노는 게 정말 재밌구나!"

"재밌게 놀고 있는데 이제 그만 집에 가야 한다니까 너무 아쉽지."

그리고 아이가 소리 지르는 게 참기 힘들나면 내 마음을 먼저 들여다보아야 합니다. 아이가 울고 소리 지를 때 어떤 생각이 드는지 찾아보세요.

아이 혼자 할 수 있는 것을
자꾸 엄마에게
해달라고 조를 때

〈상황〉

아이와 함께 평소에 자주 가는 집 앞 키즈 카페에 갔어요. 아이가 간식을 먹고 싶다고 하더라고요. 그래서 계산대에 이름을 말하고 먹고 싶은 간식을 가져오라고 했어요. 그랬더니 엄마가 해달라는 거예요. 여섯 살이나 됐는데 그 정도도 못 하나 싶은 생각이 들어 화가 났어요.

〈이전 방식으로 화내는 것〉

"언제까지 엄마가 다 챙겨줘야 해!"

"말 못 하면 먹지도 마"

"넌 그것도 못 해!"

아이의 마음	엄마의 마음
• 감정 : 겁, 두려운, 긴장된, 쑥스러운, 혼란스러운	• 감정 : 답답한, 짜증나는
• 밑 마음(욕구) : 혼자 가서 말하려니 어색하고 긴장되고 불편하고 쑥스러워. 자신이 없어. 도움이 필요해. 협력, 도움, 지지, 이해, 수용	• 밑 마음(욕구) : 이쯤은 충분히 혼자서 할 수 있는 일인데, 아예 안 하려고 하지 말고, 한번 해보려고 시도라도 했으면 좋겠어. 능력, 도전, 효능감, 자율성, 독립, 성취, 배움

〈나의 마음에 초점을 맞춰 화를 표현(전달)하는 것〉

"엄마는 네가 키즈 카페에서 간식을 사오는 건 혼자 할 수 있다고 생각해."

아이가 어릴 때는 엄마가 옆에서 도와주고 지지해주다, 아이가 어느 정도 컸다 싶으면 스스로 해보길 바라게 됩니다. 부모 입장에서는 그동안 엄마가 옆에서 하는 걸 많이 봤으니 이제 혼자서도 잘할 만한데 왜 그럴까 하고 의문이 듭니다.

그러나 아이 입장에서는 그동안 엄마가 알아서 다 해놓고 갑자기 자기에게 스스로 해보라고 하면 당황스럽습니다. 아이의 성격과 기질에 따라 아이의 반응이 다르기도 하고요. 아이가 쭈뼛거리며 힘들어한다면, 어떤 말로 시작하면 좋은지 구체적인 말과 행동을 아이와 함께 생각해보는 시간을 가지고, 아이가 안정감을 느낄 수 있도록 옆에 있어주세요.

"혼자 하려니까 부끄럽기도 하고 겁이 나기도 하는 거야?"

"네가 먹고 싶은 과자를 고르고, 저기 있는 아저씨한테 '이 과자 가져갈게요.'라고 말하는 거야. 엄마는 네 옆에 있을게. 우리 같이 가볼까?" 하고 처음에는 함께하다가 점차 아이 혼자 독립할 수 있도록 단계별로 진행해주세요. 다른 아이는 이런 과정이 필요 없지만 내 아이는 이런 과정이 필요하기도 합니다. 이것을 구분할 수 있는 것이 중요합니다.

감정일기

아이에게, 주변 사람에게 못 참고 화를 낸 적이 있나요?
그날 나의 감정과 내가 한 행동을 돌아보는 연습을 해볼까요?
차분히 그날을 돌아보면
내 감정을 건강하게 표현할 수 있는 날이 많아집니다.

_____월 _____일 _____요일

부정적인 감정을 느끼고 주변 사람에게 화를 낸 날이 언제인가요?
그날의 상황과 나의 감정, 욕구를 들여다보는 시간을 가져보세요.

✎ 그날의 상황을 적어보세요.

✎ 당시 내가 느낀 감정은 어떤 것이었나요? 내 안의 감정을 발산한다는
느낌으로, 손에 있는 힘껏 감정을 실어 꾹꾹 눌러 적어보세요.

✎ 당시 내가 한 생각은 무엇이었나요? 떠오르는 대로 모두 적어보세요.

✐ 당시 내가 한 생각은 모두 객관적 사실인가요, 주관적인 판단인가요?
　내가 빠진 인지적 오류는 어떤 것이 있는지 찾아서 적어보세요.

✐ 만약 친구가 같은 상황이라면 어떤 말을 해줄 수 있을까요?

✐ 다음에는 이렇게 말해볼래요!
　내 마음에 초점을 맞춰 화를 표현(전달)해보세요.

_____월 _____일 _____요일

부정적인 감정을 느끼고 주변 사람에게 화를 낸 날이 언제인가요?
그날의 상황과 나의 감정, 욕구를 들여다보는 시간을 가져보세요.

✎ 그날의 상황을 적어보세요.

✎ 당시 내가 느낀 감정은 어떤 것이었나요? 내 안의 감정을 발산한다는
   느낌으로, 손에 있는 힘껏 감정을 실어 꾹꾹 눌러 적어보세요.

✎ 당시 내가 한 생각은 무엇이었나요? 떠오르는 대로 모두 적어보세요.

✎ 당시 내가 한 생각은 모두 객관적 사실인가요, 주관적인 판단인가요?
내가 빠진 인지적 오류는 어떤 것이 있는지 찾아서 적어보세요.

✎ 만약 친구가 같은 상황이라면 어떤 말을 해줄 수 있을까요?

✎ 다음에는 이렇게 말해볼래요!
내 마음에 초점을 맞춰 화를 표현(전달)해보세요.

___월 ___일 ___요일

부정적인 감정을 느끼고 주변 사람에게 화를 낸 날이 언제인가요?
그날의 상황과 나의 감정, 욕구를 들여다보는 시간을 가져보세요.

✎ 그날의 상황을 적어보세요.

✎ 당시 내가 느낀 감정은 어떤 것이었나요? 내 안의 감정을 발산한다는
   느낌으로, 손에 있는 힘껏 감정을 실어 꾹꾹 눌러 적어보세요.

✎ 당시 내가 한 생각은 무엇이었나요? 떠오르는 대로 모두 적어보세요.

✎ 당시 내가 한 생각은 모두 객관적 사실인가요, 주관적인 판단인가요?
내가 빠진 인지적 오류는 어떤 것이 있는지 찾아서 적어보세요.

✎ 만약 친구가 같은 상황이라면 어떤 말을 해줄 수 있을까요?

✎ 다음에는 이렇게 말해볼래요!
내 마음에 초점을 맞춰 화를 표현(전달)해보세요.